Jean Gourounas

ÉLÉMENTAIRE !

Petit traité humoristique pour en savoir plus sur la vie en 4 éléments

FAGE éditions

AVANT-PROPOS

Je remercie chaleureusement le professeur Watson, physicien-inventeur de renom pour son aide et son soutien tout au long de l'écriture de cet ouvrage qui est basé en grande partie sur ses recherches élémentaires.

SOMMAIRE

CHAPITRE 1

LE FEU

INTRODUCTION

Le feu est un élément généralement de couleur orange qui produit chaleur, lumière et fumée.

Depuis le tout début des temps, on le trouve à l'état sauvage

SUR LA TERRE

COMME AU CIEL

Fasciné par le spectacle du feu, l'homme préhistorique eut l'idée de le fabriquer artificiellement par toutes sortes de procédés très ingénieux.

A L'ÉCLAT DE SILEX

pour créer des étincelles en tapant

B LA BAGUETTE DE BOIS

pour créer de la chaleur par frottement

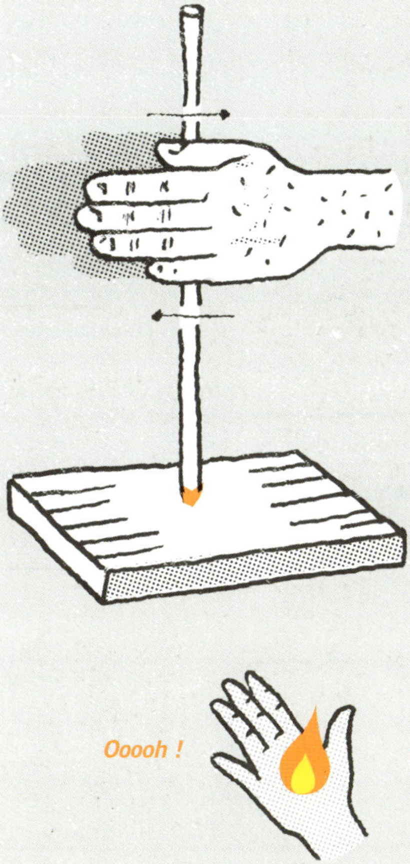

C LE PIMENT ROUGE

pour créer de la chaleur par ingestion

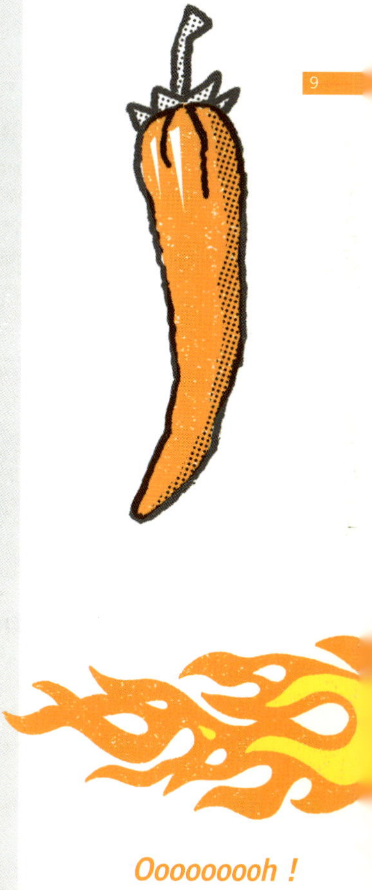

Le silex est l'ancêtre du briquet.

La baguette de bois est l'ancêtre de l'allumette.

Le piment rouge est l'ancêtre du lance-flammes.

Bûche - bûche...

Frotte - frotte

frotte - frotte - frotte

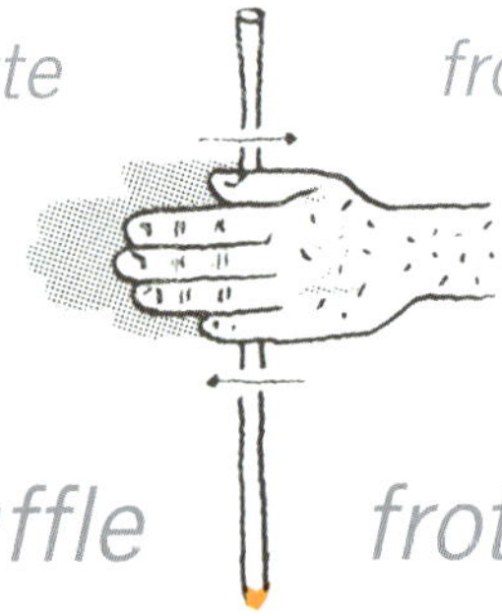

Frotte - frotte -

frotte - frotte

souffle - souffle

frotte - frotte - frotte

souffle - souffle...

Ooooh !

L'invention du feu ne fut pas un luxe immédiat pour son utilisateur. En effet, lorsqu'il arrivait enfin à allumer sa bûche pour se chauffer et faire la cuisine...

il allumait en
même temps...

la région tout entière !

Du coup, son rata
était cramé,

le garde-manger,
aussi

et le cuisinier par
la même occasion.

Devant un tel gaspillage,
l'Homme qui n'avait pas encore inventé la poudre, inventa :

LE PARE-FEU

LA SUITE ALLA TRÈS VITE

Quelques siècles
plus tard, il eut l'idée
de construire sa maison
sur le pare-feu

et sans le savoir
il inventa LE FOUR
et L'ASPHYXIE.

100 000 morts
plus tard

il créa
LA CHEMINÉE,
LE PIQUE-FEU,
LE RAMONEUR
et LA CIGOGNE,

puis enfin,
LA FENÊTRE
et LE RIDEAU
BONNE FEMME.

LA MAISON MODERNE ÉTAIT NÉE

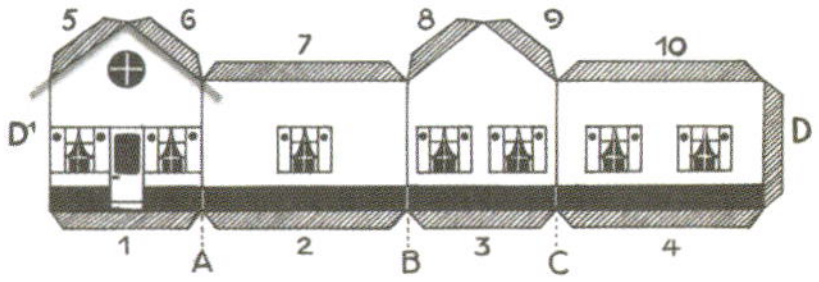

et avec elle, l'idée de la résidence secondaire
qui posa un nouveau problème.

COMMENT TRANSPORTER LE FEU ?

Notre ancêtre bataillait tellement pour faire du feu que quand celui-ci était enfin allumé, il était hors de question de le voir s'éteindre.

DONC, IL L'EMMENAIT PARTOUT OÙ IL ALLAIT.

Sa méthode était simple et efficace :

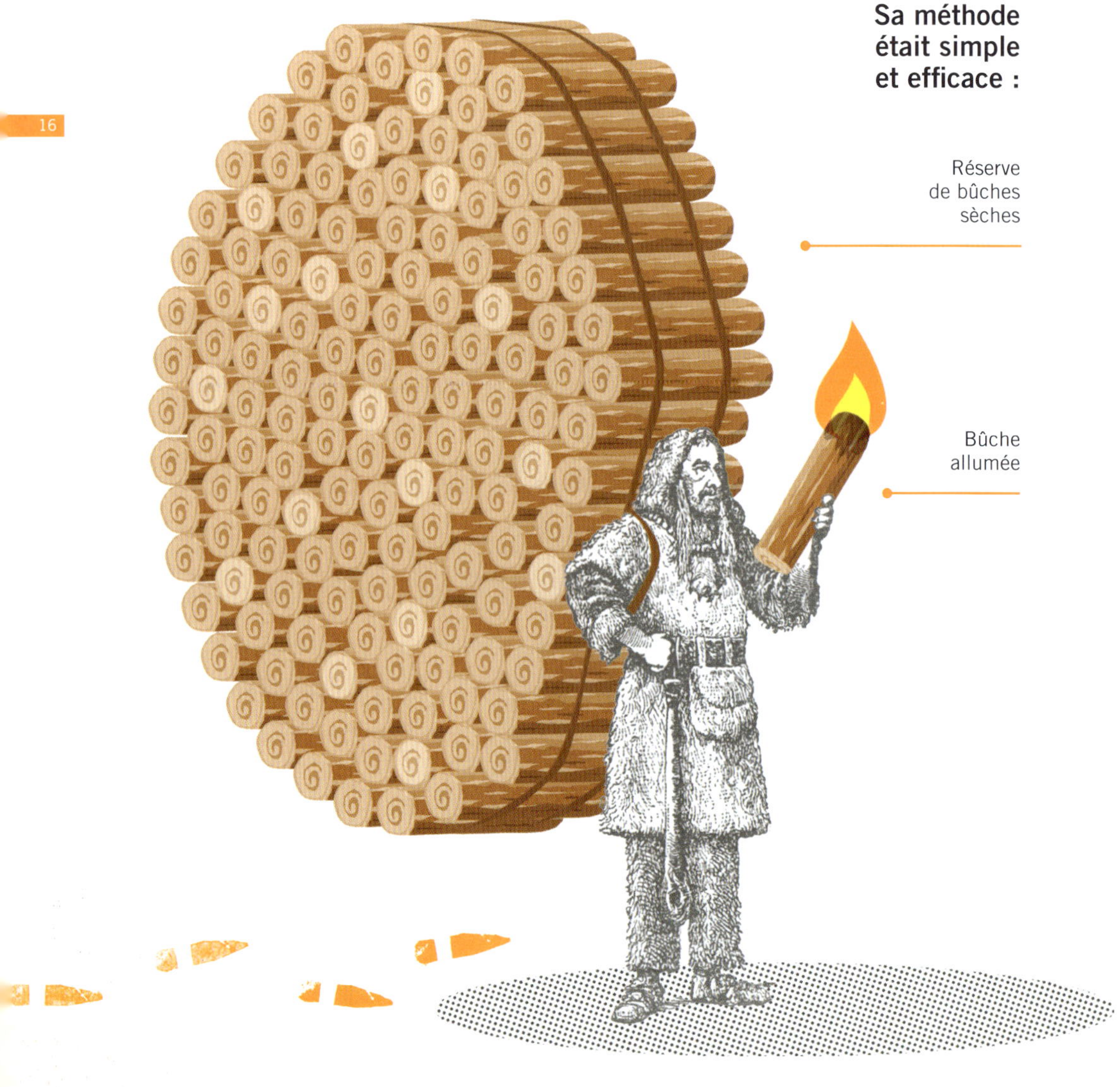

Calcul

PROBLÈME DE BÛCHES

UNE BÛCHE BRÛLE PENDANT 10 KM

ÉNONCÉ

- Votre résidence principale se trouve à Lille.
- Votre résidence secondaire, à Perpignan.

La distance est de 1000 km.

QUESTION

D'une ville à l'autre, de combien de bûches avez-vous besoin, sachant que vous en avez piqué une qui vous en a fait perdre 11 ?

SOLUTION : 90

1000 divisé par 10 = 100. + 1 (la bûche que vous avez piquée) =101.

101 - 11 (les 11 bûches que vous avez perdues dans votre bûche) = 90

La découverte de nouveaux pays obligea l'Homme à perfectionner son mode de transport du feu.

IL COMMENÇA PAR INVENTER LA ROUE

PUIS LE CAMION À ESSENCE

L'AVION À KÉROSÈNE

ET FINALEMENT L'ALLUMETTE

Grâce à elle, le feu pouvait enfin se transporter éteint.

Sans fatigue

Sans gaspillage de combustible

Sans catastrophes désastreuses

LE FEU MODERNE ÉTAIT NÉ !

LE FEU POUR COMMUNIQUER

Les Indiens d'Amérique communiquaient à distance grâce à des nuages de fumée.

ILS S'ENVOYAIENT DES NOUVELLES.

"VISAGES PÂLES
ARRIVER
AVEC BÂTONS
QUI CRACHENT
LE FEU ...
... STOP ...

VITE DÉTERRER
HACHE DE GUERRE ...
... STOP."

"HACHE
DE GUERRE
CHEZ TOI
... CRÉTIN ...

VITE ARRÊTER
EAU DE FEU
... STOP."

L'invention du journal permit aux Indiens d'allumer plus facilement leur feu pour communiquer.

En même temps, ils n'en avaient plus besoin puisqu'ils pouvaient lire les nouvelles directement dans le journal.

LE FEU POUR SIGNALER

Il existe deux familles de signaux lumineux qu'il est important de connaître.

A LE FEU TRICOLORE

dont voici les trois couleurs principales

VERT
je passe
tranquillement

ORANGE
je passe
en serrant les fesses

ROUGE
je freine
à fond la caisse

NOTEZ BIEN : passer au rouge, c'est griller un feu.

B LE PHARE
dont voici quelques modèles

LE PHARE CÔTIER
pour guider les bateaux

LE PHARE DES AUTOS
pour éclairer la route et faire des appels

LE GYROPHARE DES POMPIERS
pour signaler l'urgence

LE FARD À PAUPIÈRE
pour faire un clin d'œil

PIQUER UN FARD
pour montrer que l'on a bien remarqué le clin d'œil

(ON DIT AUSSI PIQUER UN SOLEIL)

LE SOLEIL

Le Soleil est un astre qui se lève le matin avec les poules et se couche, généralement après le journal de 20 heures.

(À l'exception de certaines régions polaires où il lui arrive de ne pas se coucher du tout).

D'un point de vue scientifique, le Soleil a un profil beaucoup plus intéressant

C'EST UNE ÉNORME BOULE DE FEU QUI CHAUFFE EN DIABLE

Diamètre : 1 390 000 km

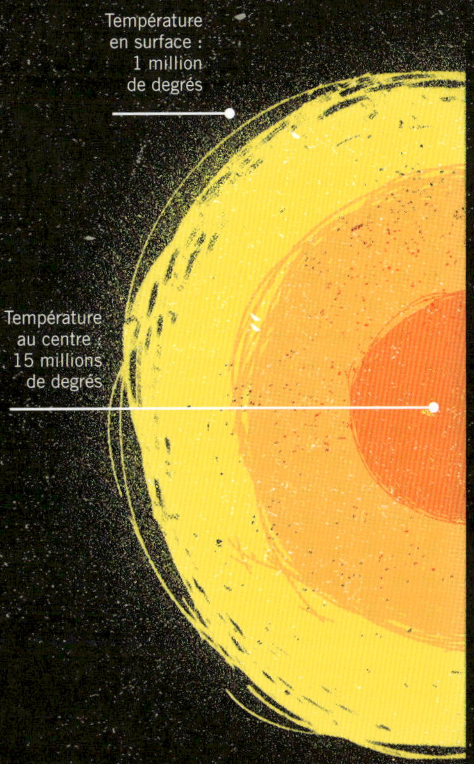

Pendant longtemps, le milieu scientifique a supposé que le Soleil chauffait au charbon, avant d'admettre qu'il utilisait l'énergie solaire.

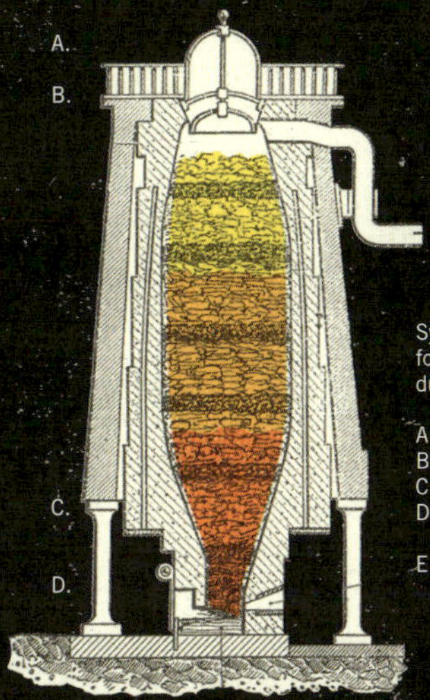

Système de fonctionnement du Soleil

A - Poste de contrôle
B - Capteurs solaire
C - Analyse des données
D - Transformation des données en chaleur
E - Sortie de gaz

Il fait si chaud sur le soleil, que les aliments commencent à cuire dans le frigo.

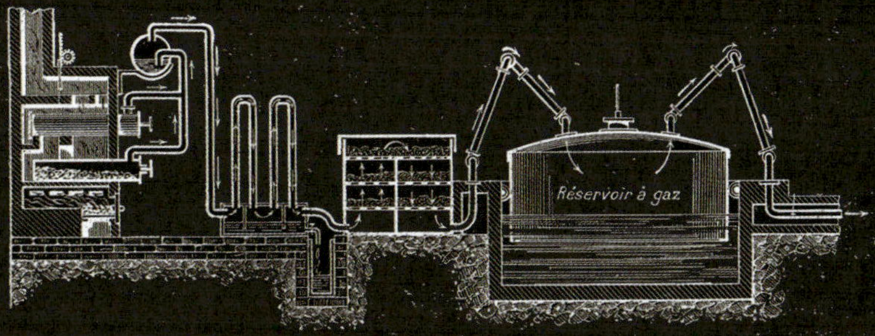

NOTEZ BIEN : l'industrie actuelle utilise de plus en plus les énergies écologiques.
Exemple : cette raffinerie de pétrole fonctionnant entièrement à l'énergie solaire.

LE SYSTÈME SOLAIRE

Un système solaire
est composé d'un soleil

et de planètes qui
gravitent autour

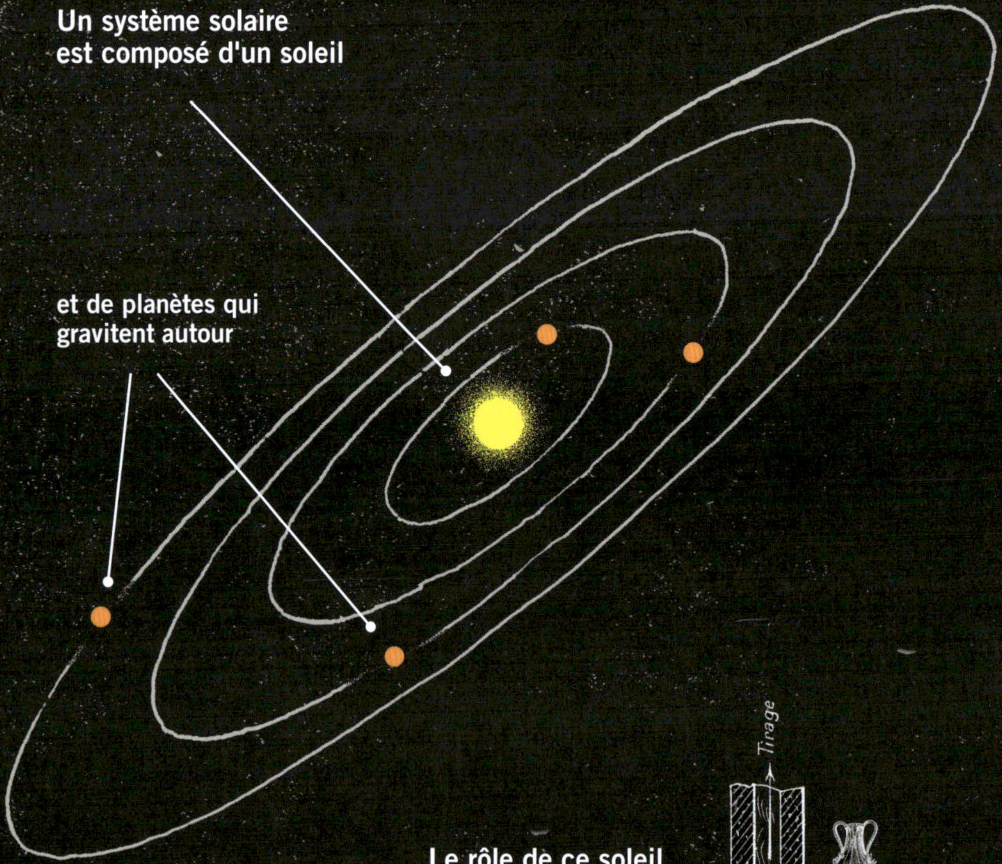

Le rôle de ce soleil
est simple, il consiste
à chauffer les planètes
en orbite dans son système

COMME UN ÉNORME CHAUFFAGE CENTRAL

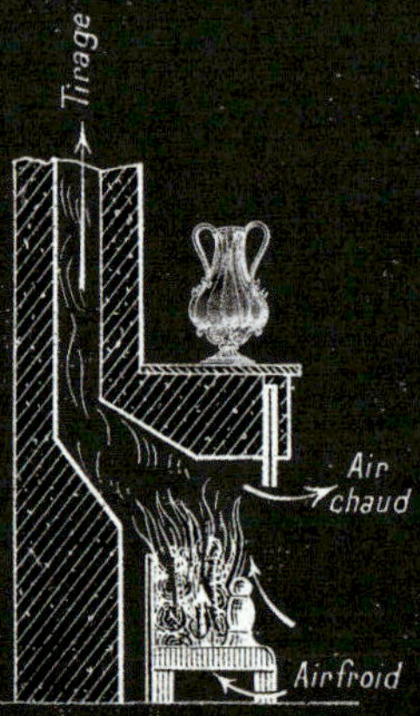

Fonctionnement du Soleil
dans son système

Plus la planète
est proche du foyer,
PLUS IL FAIT CHAUD

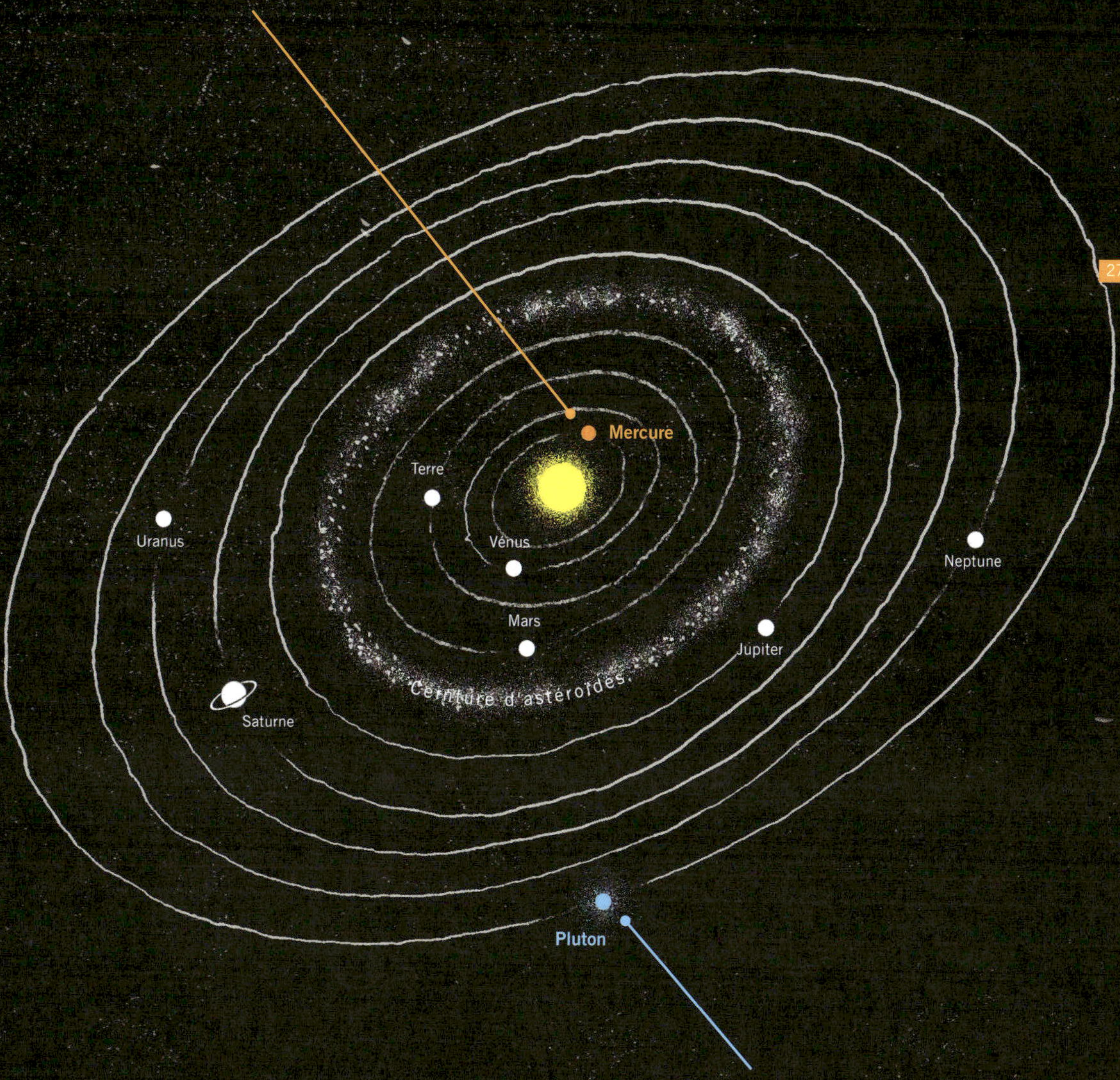

Plus la planète
en est éloignée,
PLUS ÇA CAILLE !

Faites-le vous-même !

EXPÉRIENCE SCIENTIFIQUE

Faire cuire une caille grâce au soleil, c'est facile.

INGRÉDIENT : 1 caille
MATÉRIEL : 1 soleil et 1 loupe

1. À l'aide de la loupe, concentrez les rayons du soleil…

2. Dirigez ensuite ce point sur la caille.

LA CUISSON COMMENCE

Calcul

PROBLÈME DE MAMMOUTH

ÉNONCÉ

- Faire cuire une caille à la loupe demande 1 jour
- Une poule, 10 jours

QUESTION

Combien de mois seront-ils nécessaires pour la cuisson d'un mammouth ?

SOLUTION : je sais pas encore, j'ai pas fini.

LA LUMIÈRE

La lumière est un phénomène qui nous permet de voir dans l'obscurité et d'éviter de se cogner dans le pied du lit.

Qu'elle soit naturelle ou artificielle, elle se déplace à la vitesse vertigineuse de 300 000 km en 1 seconde.

On dit d'ailleurs que pendant ce laps de temps, elle fait 7 fois le tour de la Terre. Ce qui est impossible puisque la lumière se déplace uniquement en ligne droite.

La lumière naturelle est une lumière dite "ancienne" car elle met 8 minutes pour nous parvenir du Soleil. Inversement, la lumière électrique est "jeune" (quand on allume une ampoule, l'éclairage est immédiat).

Lumière solaire

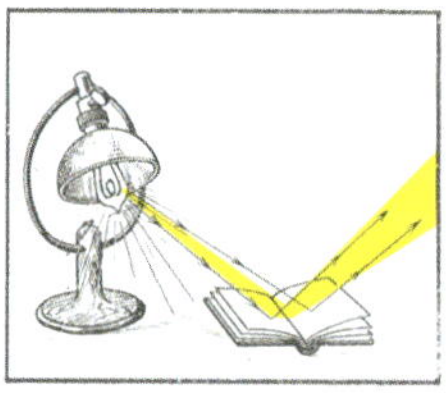
Lumière électrique

En atteignant le Soleil, la lumière électrique terrestre devient "ancienne" à son tour.

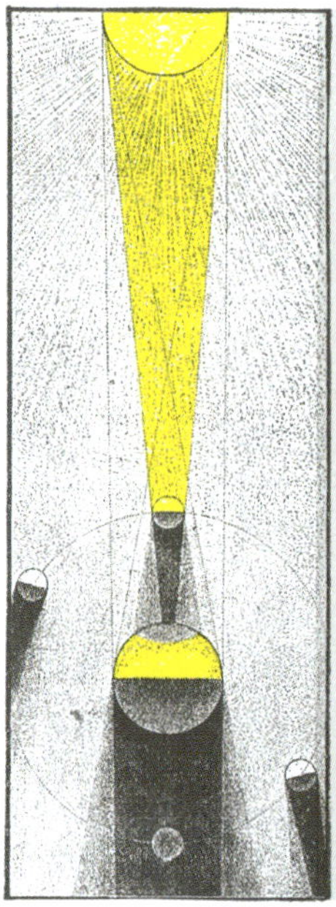
Éclipse solaire

Il existe cependant deux occasions qui nous privent de la lumière solaire.

A - LA NUIT
B - L'ÉCLIPSE SOLAIRE

NOTEZ BIEN :
les éclipses provoquent également une forte baisse de température.

LA TEMPÉRATURE

Lorsque nous nous approchons d'un feu, nous nous apercevons facilement s'il est allumé ou non.

Car s'il est allumé, il dégage de la chaleur. Dans le cas contraire, il dégage des rhumes.

Ce phénomène de chaud et froid est appelé TEMPÉRATURE.

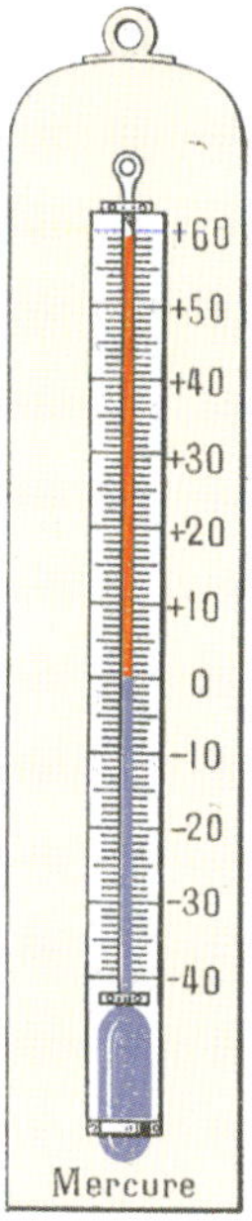

CHAUD

FROID

Influences des températures sur l'organisme

LA VITESSE DE LA CHALEUR

On ne peux pas dire que la chaleur possède une vitesse propre comme la lumière. En fait, elle se déplace avec la source qui la produit.

Par exemple, la chaleur d'un pull se déplace à la vitesse de celui qui le porte.

Il est évident donc que si la personne portant le pull voyage sur une monture, la chaleur sera d'autant plus rapide.
Sans compter que l'animal se mettra à chauffer lui aussi.

NOTEZ BIEN : les températures et les horaires des éclipses sont donnés dans le journal.

LE JOURNAL

Le journal sert à 3 choses

A Connaître l'heure et les nouvelles

B Récupérer les épluchures

C Allumer le feu

LA CUISINIÈRE

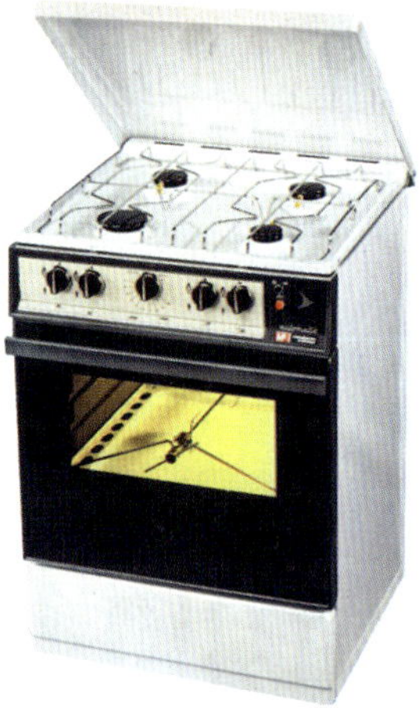

Les 4 modèles utilisés dans le monde

A La cuisinière à gaz

B La cuisinière électrique

C La cuisinière à bois

D La cuisinière à charbon

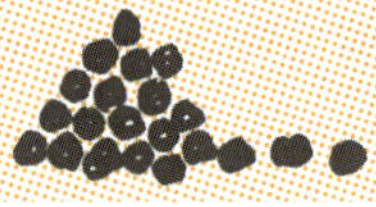

LE CHARBON

Par ordre de prix

A Le charbon brut de plâtre

B Le charbon en boulet

C Le charbon en diamant

LE DIAMANT

Un charbon de luxe

Composé de carbone (comme le charbon) le diamant est très pur et très rare (donc très cher).

PAR EXEMPLE :

Faire cuire une Charlotte dans un four à diamant coûterait beaucoup plus cher que la faire cuire dans un four à charbon.

Il est donc facile de comprendre pourquoi de tels fours n'existent que dans les pays gros producteurs de diamant.

Faites-le vous-même !

EXPÉRIENCE SCIENTIFIQUE

Faire cuire une Charlotte sans brûler de diamants, c'est facile.

INGRÉDIENT : 1 Charlotte
MATÉRIEL : 1 diamant et 1 boîte rouge

1. Achetez un diamant pas trop gros, monté sur un anneau doré.

2. Emballez-le soigneusement dans un jolie boîte rouge.

3 Vous n'avez plus qu'à l'offrir à votre amie Charlotte.

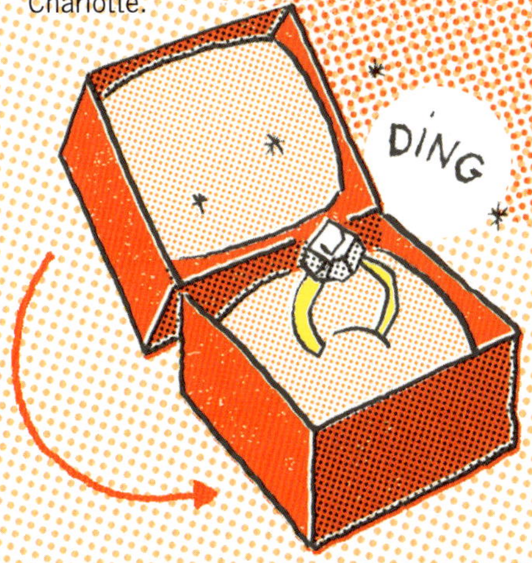

C'EST CUIT !

ERRATUM : la Charlotte étant un des rares gâteaux qui ne se fait pas cuire, recommencez l'expérience avec Madeleine.

LES AMIS DU FEU

Dans son entourage, il est important d'en distinguer ses vrais et faux amis.

LES VRAIS

LES COMBUSTIBLES

Le bois, le charbon, le pétrole et ses dérivés sont des combustibles.

ILS NOURRISSENT LE FEU

LES FAUX

LE VENT

Composé d'oxygène, le vent peut soit attiser le feu, soit l'éteindre s'il souffle suffisamment fort.

L'EXPLOSIF

En explosant, l'explosif génère à la fois une grande source de chaleur et un vent extrêmement violent.

LE VENT ET L'EXPLOSIF JOUENT AVEC LE FEU

comme le démontre l'expérience DU PÉTARD ET DE LA BOUGIE ci-dessous

Observez bien,
le pétard va péter,
la bougie brûle,
ATTENTION !

En pétant,
le pétard
souffle la flamme
de la bougie

en générant
une énorme source
de chaleur.

EN RÉSUMÉ : L'EXPLOSIF DÉPLACE LE FEU

LES ENNEMIS DU FEU

Très repérables dans leur conditionnement rouge, en voici trois principaux.

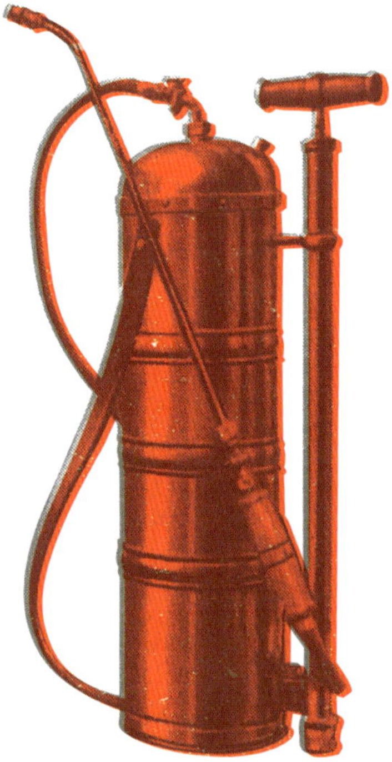

A L'EAU DES BORNES À INCENDIE
qui noie les flammes

B LA NEIGE CARBONIQUE DES EXTINCTEURS
qui les étouffe

C LE POMPIER

une belle invention de l'Homme
qui combine les avantages de A et de B.
Il noie les flammes, les étouffe,
puis les achève à coups de hache.

ASTROLOGIE

Voici en guise de conclusion, les trois signes du zodiaque gouvernés par l'élément Feu.

A LE LION

23 juillet - 22 août
Planète : Le Soleil

Lion célèbre :
Patrick Juvet

La chanson du jour :
Où sont les femmes ?

B LE BÉLIER

21 mars - 19 avril
Planète : Mars

Bélier célèbre :
Marcel Amont

La chanson du jour :
Le Mexicain

LE SAGITTAIRE

22 novembre - 21 décembre
Planète : Jupiter

Sagittaire célèbre :
Enrico Macias

La chanson du jour :
Les filles de mon pays

CHAPITRE 2

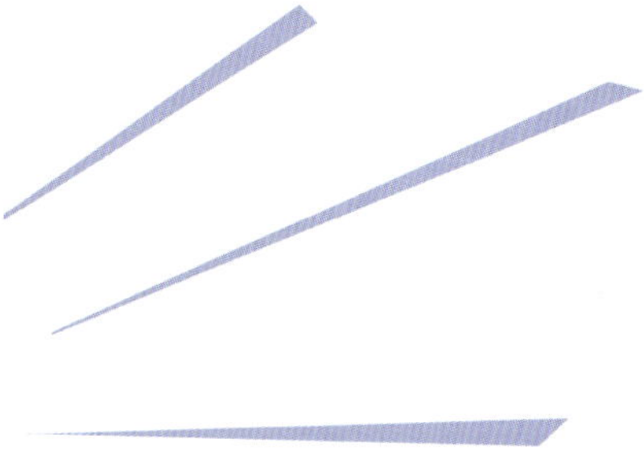

L'AIR

INTRODUCTION

L'air est un mélange gazeux impalpable qui constitue l'atmosphère de la Terre.

AIR

TERRE

L'une des qualités de cet élément, est qu'il est transparent
(sinon on ne verrait strictement rien).

RIEN

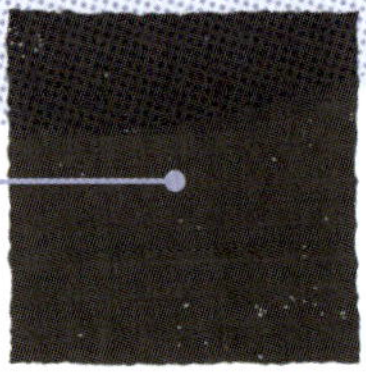

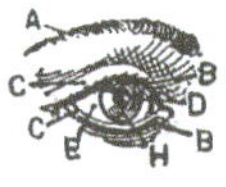

Œil : A, sourcils ; B, cils ; C, paupières ; D, prunelle ; E, cornée ; H, iris.

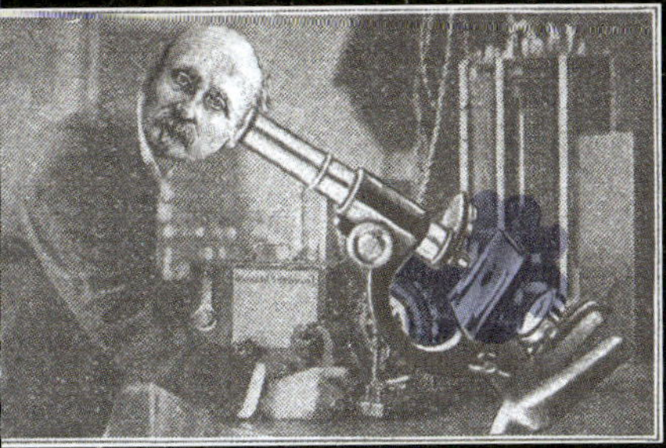

Cette transparence ne signifie pas que l'air est constitué de rien, bien au contraire, il grouille de milliards de particules gazeuses microscopiques complexes.

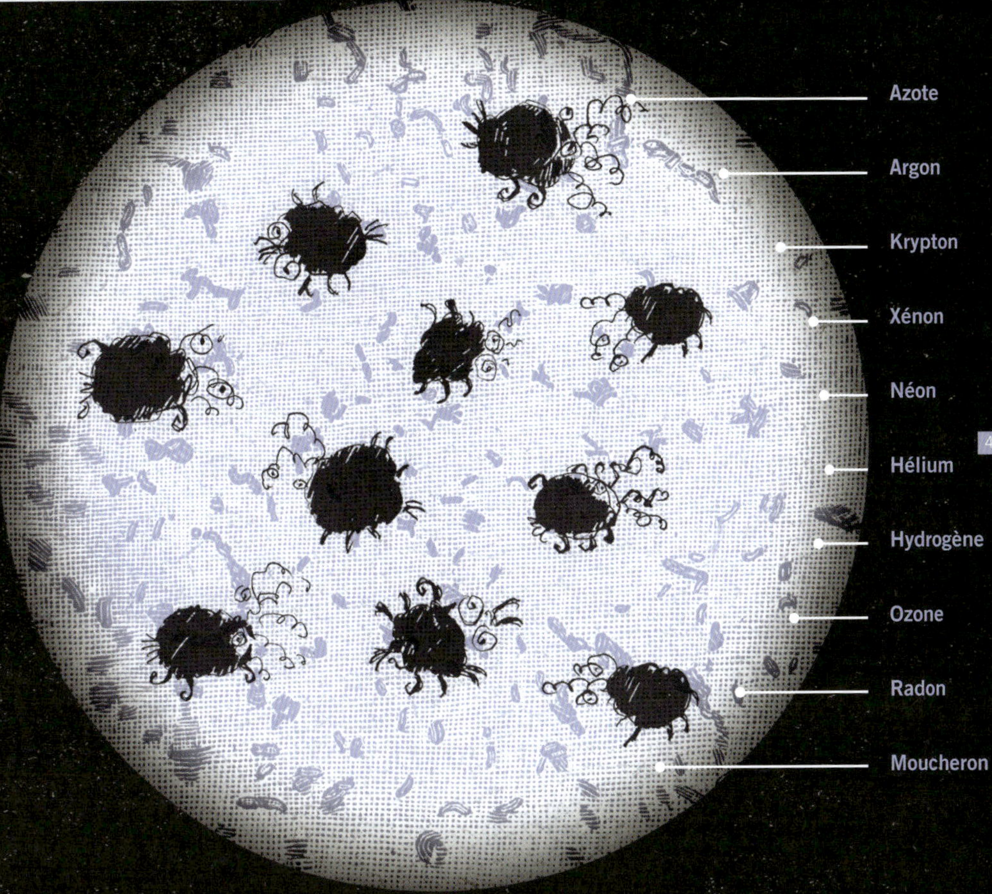

Sans parler bien entendu d'un paquet de cochonneries issues de l'industrie volcanique.

La principale qualité de l'air, est qu'il est riche en OXYGÈNE et l'oxygène est vital pour la plupart des êtres vivants.
(sans lui, nous serions beaucoup plus morts).

Cependant, les êtres vivants n'ont pas tous le même système respiratoire.

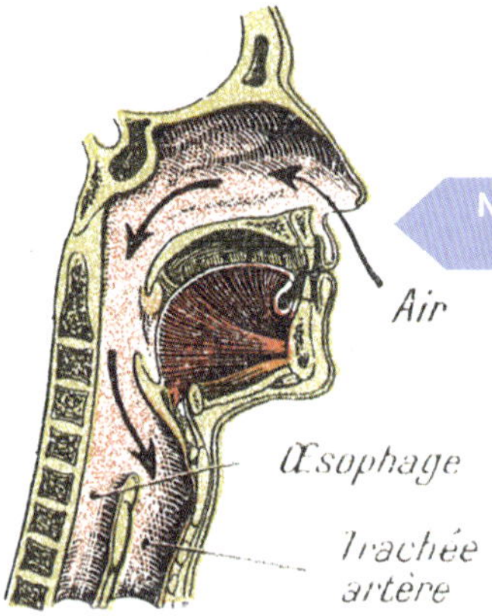

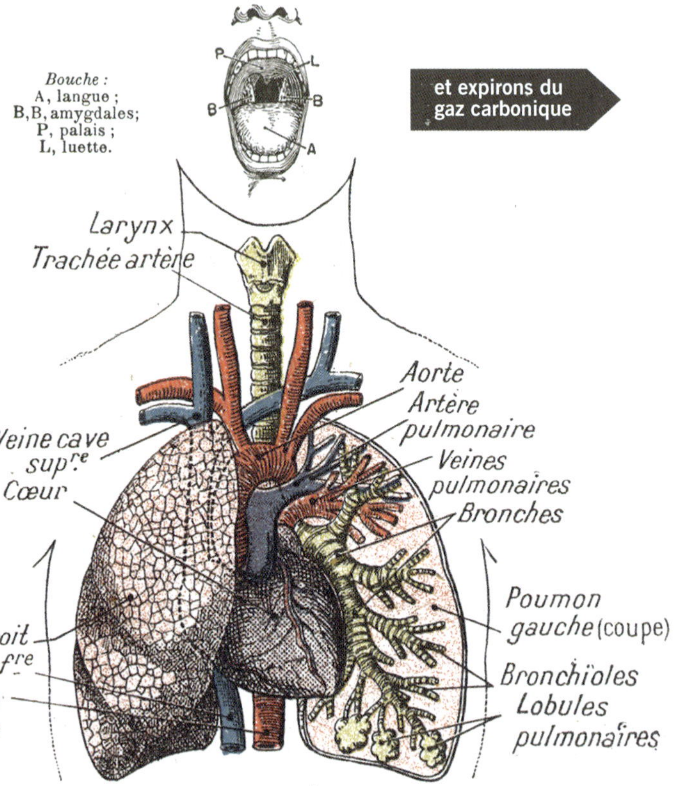

Appareil respiratoire

Les plantes, elles

inspirent du gaz carbonique

et expirent de l'oxygène

Alors que d'autres animaux

inspirent de l'oxygène

et expirent du méthane

Ce sont ces vents de méthane qui font des trous dans la couche d'ozone.

LE VENT

Constitué des mêmes particules que l'air, comment est-il créé ?

La Terre tourne sur son axe plus ou mois vite, dans une atmosphère immobile.

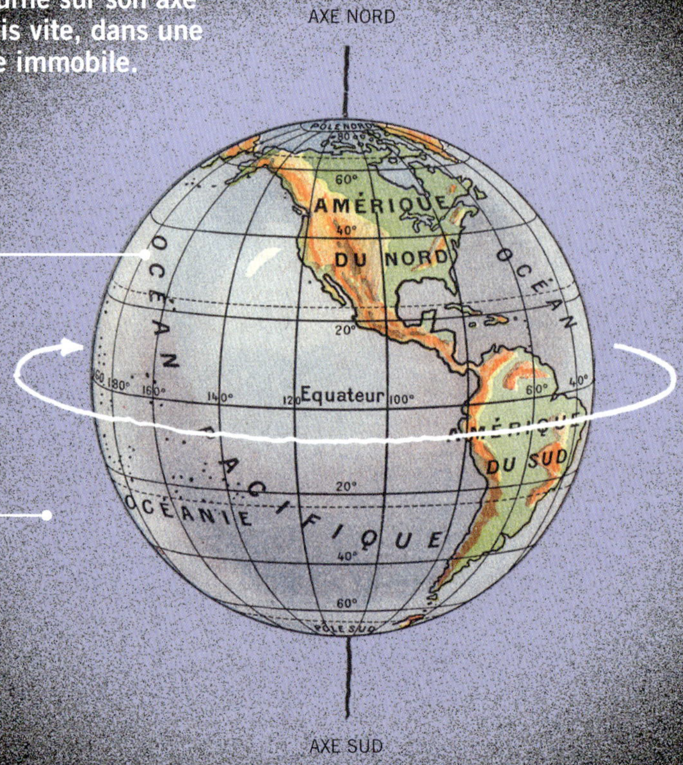

Plus elle tourne vite, plus il y a de vent à sa surface.

Donc, quand il n'y a pas de vent, c'est que la terre est arrêtée.

Détail important, car tout ce qui fonctionne grâce au vent arrête aussitôt de fonctionner.

Pour palier à cette pénurie de vent, l'homme inventa l'éolienne.

Plantées stratégiquement sur l'équateur, elles propulsent la terre grâce à leur mouvement rotatif.

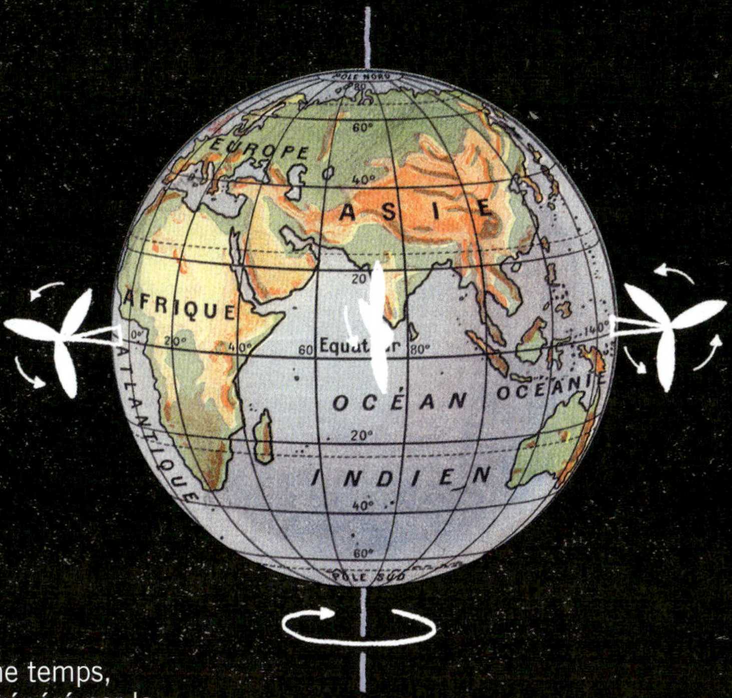

En même temps, le vent généré par la rotation de la planète fait que les éoliennes tournent encore plus vite, donnant ainsi plus de vitesse, donc plus de vent.

Et ainsi de suite jusqu'à la tempête, le cyclone, l'ouragan etc.

NOTEZ BIEN : ces hélices géantes fournissent également de l'électricité qui alimente les fabriques d'éoliennes ne fonctionnant pas à l'énergie solaire. C'est compliqué.

LES HÉLICES

En plus de l'éolienne, il existe quatre autres modèles d'hélices qui n'ont rien à voir entre elles, si ce n'est le fait de tourner.

A L'HÉLICE DU MOULIN À VENT

Mues par le vent, les ailes du moulin actionnent une meule qui à son tour moud le grain.

B L'HÉLICE DU MOULIN À CAFÉ

Contrairement à la précédente, l'hélice du moulin à café n'est pas entraînée par le vent, mais par une manivelle.
Pendant que vous tournez, c'est elle qui moud le café.

C L'HÉLICE DU VENTILATEUR

L'hélice du ventilateur, elle, est actionnée par un moteur. Elle ne moud rien, mais propulse du vent vers l'avant pour faire du frais.

D L'HÉLICE DE L'AVION

Conçue exactement comme sa voisine, à la différence que cette hélice propulse, elle, de l'air vers l'arrière et en même temps tout l'engin vers l'avant.

L'AVION

Également appelé "plus-lourd-que-l'air".
Quelques étapes de l'histoire de cette fabuleuse invention.

Créé en 1890 par Clément Ader, l'avion existe en réalité depuis l'invention du papier, soit des dizaines de siècles auparavant.

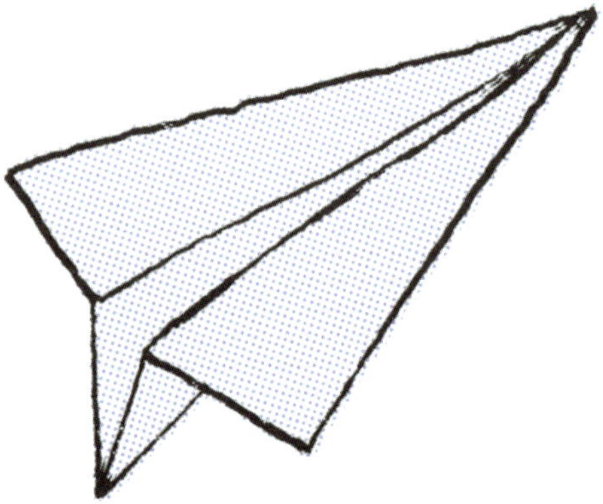

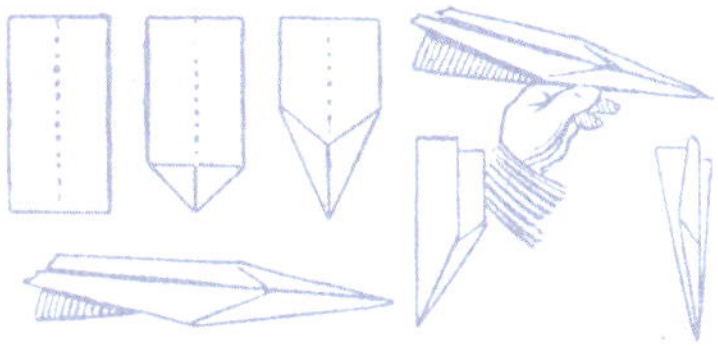

Bien sûr, certains dinosaures n'ont pas attendu Monsieur Ader pour quitter le sol,

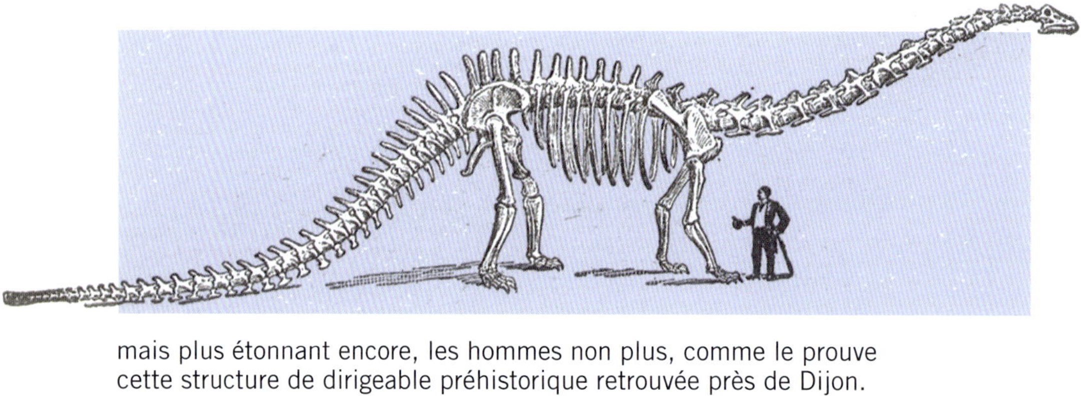

mais plus étonnant encore, les hommes non plus, comme le prouve cette structure de dirigeable préhistorique retrouvée près de Dijon.

Très orgueilleux, les premiers constructeurs d'avions ont rivalisé d'ingéniosité pour cacher toute ressemblance de leurs prototypes avec les oiseaux :

en mettant 2 ailes

ou plus

voire beaucoup plus

jusqu'à des modèles de plus en plus ridicules.

EN CONCLUSION :
plus il y a d'ailes, moins le pilote a de visibilité (ce qui est plutôt gênant en avion).

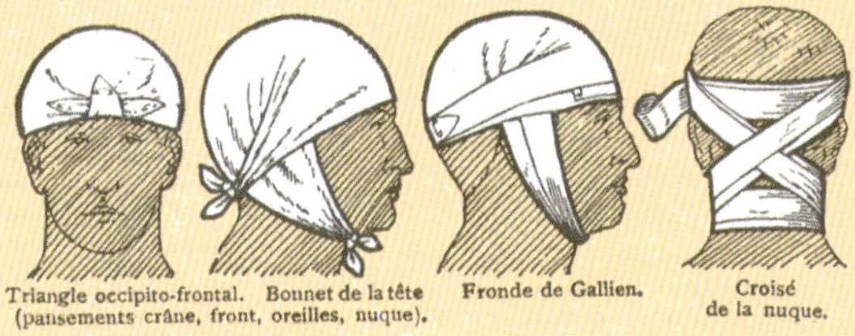

Malheureusement, "le ridicule tue" en aviation. Il fallait se rendre à l'évidence que si Dieu a construit les oiseaux de cette façon, c'est qu'il en connaissait un rayon.

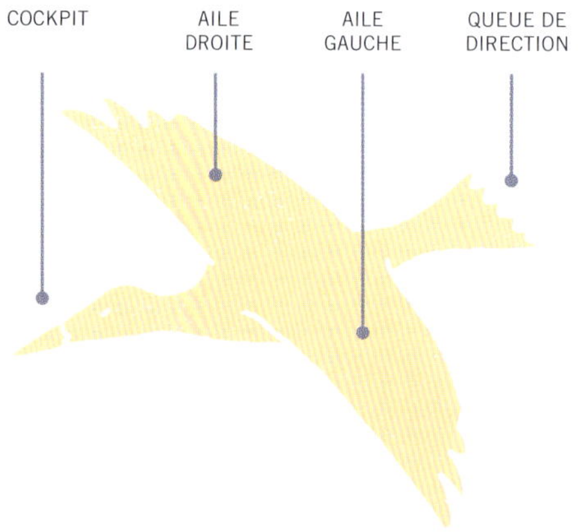

Alors les avionneurs ont rangé leur fierté et sorti du papier-calque à la grande satisfaction des femmes de pilotes.

Services réguliers d'aujourd'hui.

Depuis le 1er février 1935, l'Air-France assure régulièrement les services suivants : *France-Amérique* : *service aérien*, première et troisième semaines de chaque mois ; *service mixte*, deuxième et quatrième semaines. *Amérique-France* : *service aérien*, deuxième et quatrième semaines ; *service mixte*, première et troisième semaines.

La durée du parcours est en moyenne de 3 jours et demi en service 100 p. 100 aérien, et de 5 jours et demi en service mixte. Indiquons ici les distances couvertes : Paris-Toulouse : 610 km. ; Toulouse-Dakar 4 695 ; Dakar-Praïa, 670 ; Praïa-Noronha, 2 260 ; Noronha-Natal, 390 ; Natal-Rio de Janeiro, 2 290 ; Rio-Buenos-Ayres, 2 360 ; Buenos-Ayres-Santiago du Chili, 1 200 ; au total, 14 180 km.

En avril 1935, l'Air-France battit ses propres records. Le 7, lors d'un voyage coïncidant avec un voyage de zeppelin, le courrier, jusqu'alors embarqué à Toulouse, fut embarqué au Bourget et toucha Natal en moins de 44 heures, en avance comparative de 2 jours sur le dirigeable. L'Amérique du Sud à moins de 48 heures de Paris !

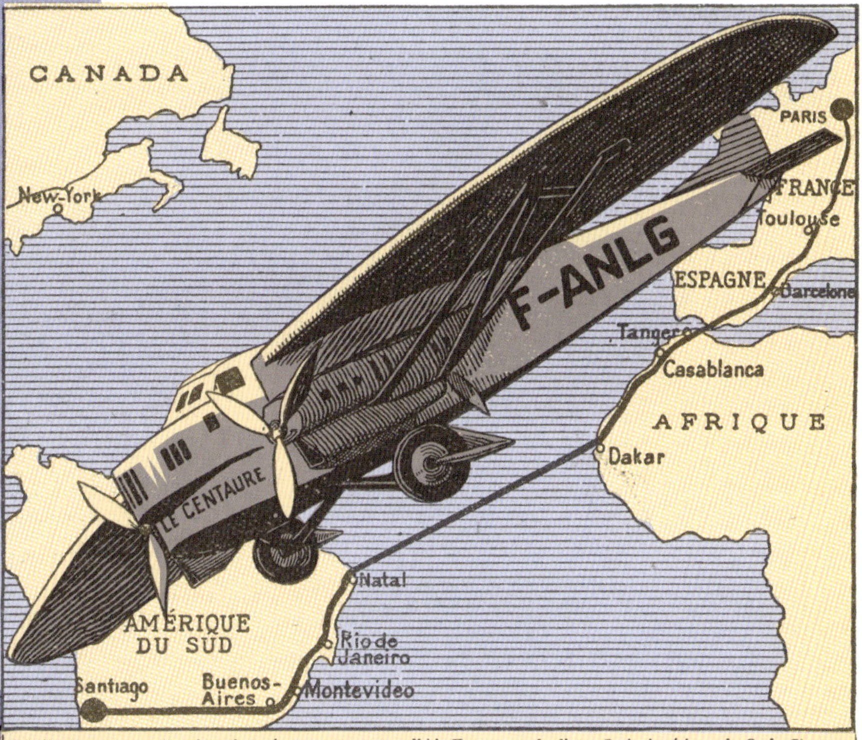

Le Centaure. — Un des plus récents transports d'Air-France sur la ligne Paris-Amérique du Sud. C'est un quadrimoteur terrestre Farman, moteurs Hispano 650 CV, vitesse de croisière 200 km. heure.

L'AÉROSTAT

Appelés également "plus-légers-que-l'air", il existe deux modèles d'aérostats.

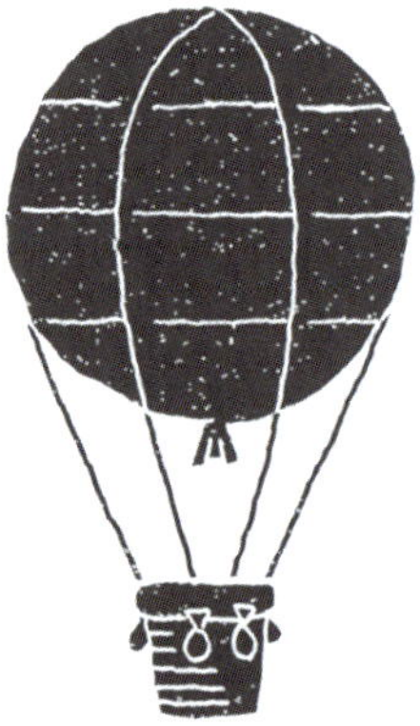

A LA MONTGOLFIÈRE
Gonflée à l'air chaud.

B LE DIRIGEABLE
Gonflé à l'hélium.

COMMENT ÇA MARCHE ?

AIR CHAUD

Une fois chauffé, l'air a la particularité de devenir plus léger que l'air froid,

IL MONTE.

AIR FROID

HÉLIUM

Naturellement chaud, l'hélium, lui, a l'avantage de ne pas avoir besoin d'être chauffé

(ce qui le rend très économique).

L'utilisation
de la montgolfière
est très simple.
Pour monter,
chauffez l'air
du ballon
et jetez du lest.

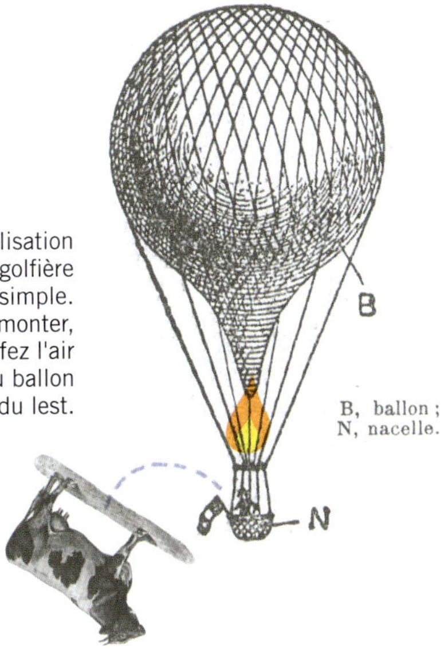

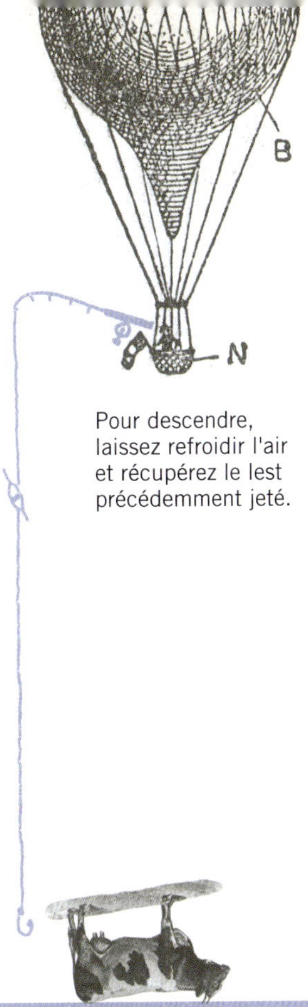

Pour descendre,
laissez refroidir l'air
et récupérez le lest
précédemment jeté.

Le problème avec la montgolfière, par rapport au dirigeable, c'est qu'elle n'est pas dirigeable.

Grâce à son gouvernail
et son hélice,
le dirigeable peut
monter, descendre,
virer à gauche
ou à droite
et éviter les lignes
à haute tension.

Le problème avec lui,
c'est son hélium qui a
tendance à prendre feu
pour un rien.

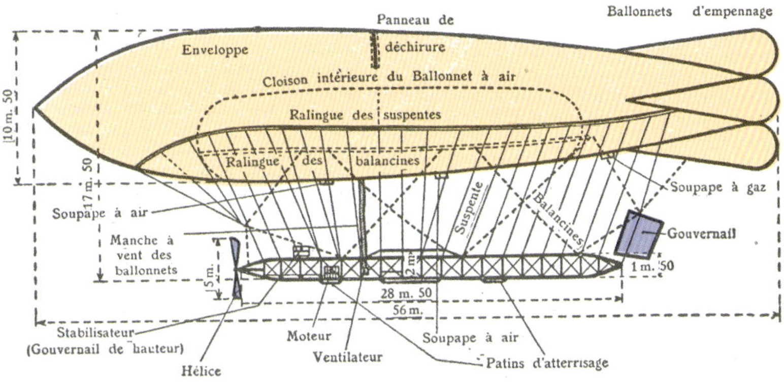

NOTEZ BIEN : peu aérodynamiques,
les aérostats restent un moyen de locomotion très lent.

L'AÉRODYNAMIQUE

L'aérodynamique est la science qui recherche la forme la plus adaptée pour se mouvoir dans l'air.

Comme vous le savez, l'air est un gaz et un gaz est une espèce de liquide en plus mou. Il offre donc une résistance à tout corps voulant se déplacer à travers.

Pour lutter contre cette force, ce corps doit posséder un profil aérodynamique.

Une aile d'avion est donc conçue comme ceci :

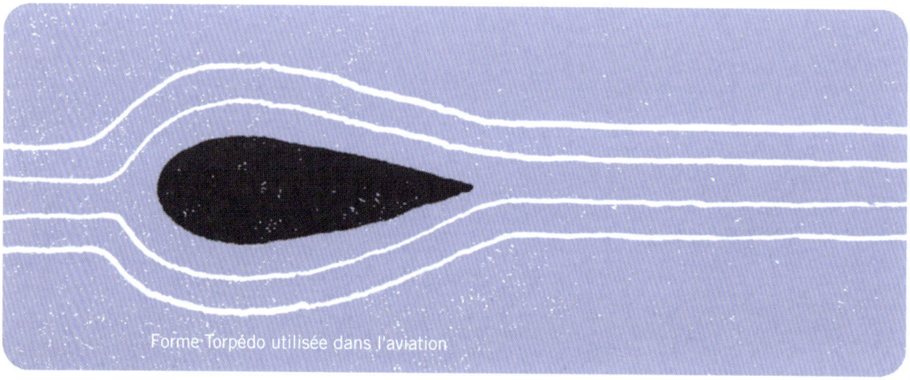
Forme Torpédo utilisée dans l'aviation

et non comme cela :

Forme Légo utilisée dans le bâtiment

Dans la nature, beaucoup d'espèces ont immédiatement adopté ce profil aérodynamique pour atteindre de très grandes vitesses

D'AUTRES PAS !

Voilà pourquoi certains animaux volent si lentement.

LES OISEAUX

Merveilles de technologie aéronautique, les oiseaux se regroupent en quatre grandes familles.

A LES JETS

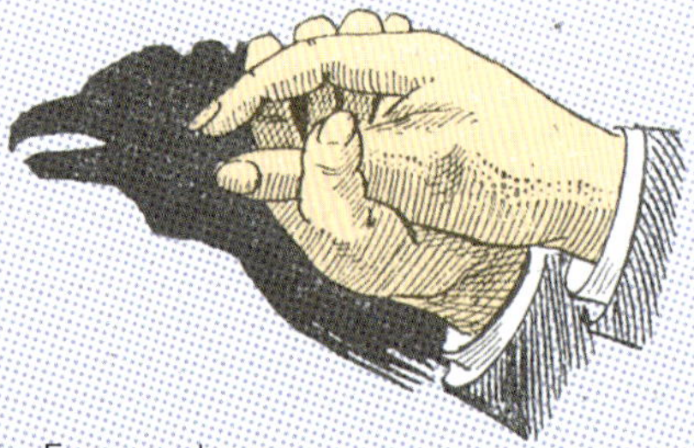

Le Faucon est
incontestablement
le champion du monde
de vitesse : 180 Km/h sur plat,
Mach 2, quand il a faim.

B LES PLANEURS

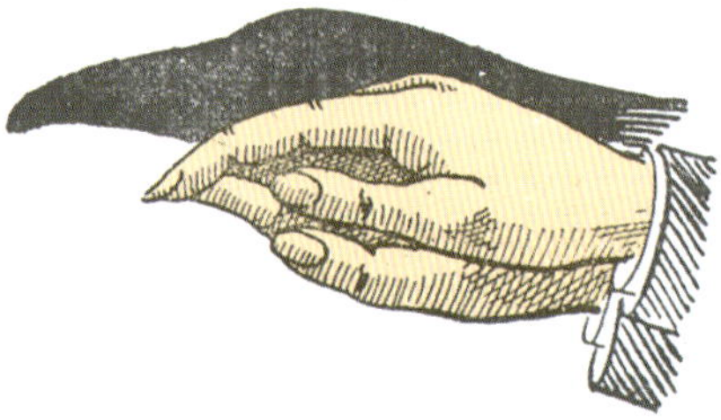

L'Aigle en est
le meilleur exemple.
Gonflé à l'hélium, il est capable de planer
indéfiniment (quand il ne prend pas feu).

C LES POLYVALENTS

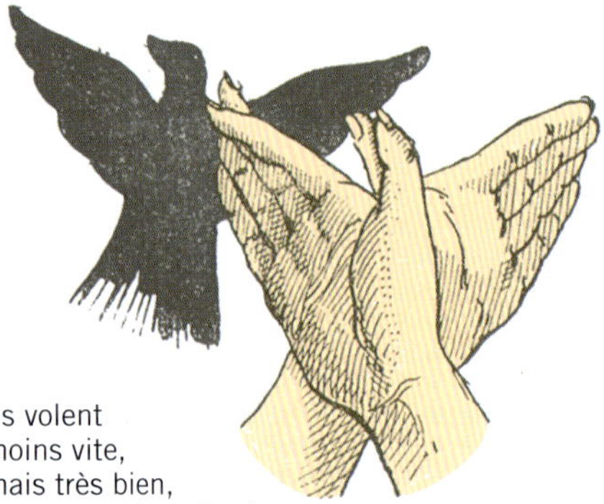

Ils volent
moins vite,
mais très bien,
comme la Pie qui vole
à tous les sens du terme.

D LES NULS

Cette dernière
famille est
représentée par
la Poule, dont
l'intelligence discrète
ne lui permet d'utiliser
qu'une seule aile à la fois.

Au cours de la conférence annuelle du Centre International d'Études Neurologiques, le professeur Watson a reçu de ses confrères un immense succès en présentant cette radiographie de poule en pleine concentration avant un essai de vol.

LE VOL

Le vol est un déplacement dans les airs d'un point A à un point B sans toucher le sol. Il en existe deux sortes.

A LE VOL VERTICAL

La pomme qui se détache de son pommier ne tombe pas, elle vole.

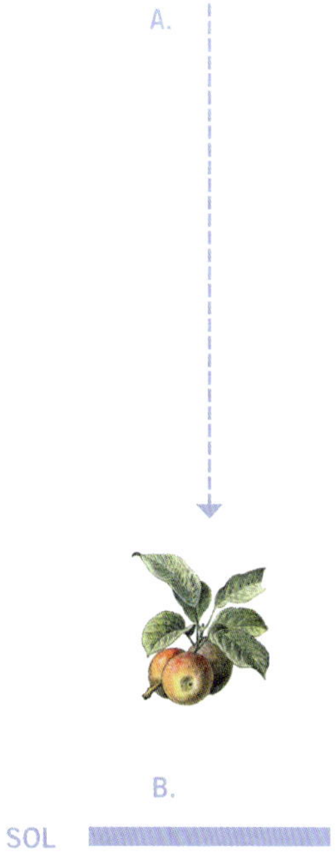

La durée d'un vol vertical varie en fonction de la hauteur de départ et de la nature de l'objet.

Par exemple, dans l'air, une enclume en plomb vole moins longtemps qu'une enclume en plume.

B LE VOL HORIZONTAL

La pomme, toute seule, n'est pas qualifiée pour un tel déplacement.

On pourrait penser que tout ce qui porte des plumes est apte au vol, ce qui est faux : les planeurs planent sans et certains oiseaux pourtant bien fournis n'ont jamais décollé, même en courant très vite.

Par exemple, les Indiens d'Amérique qui vénéraient l'Aigle et se paraient fièrement de ses plumes, n'ont jamais dépassé le stade du vol vertical.

Faites-le vous-même !

EXPÉRIENCE SCIENTIFIQUE

Faire voler une poule, c'est facile.

INGRÉDIENT : 1 poule
MATÉRIEL : 1 baguette de balsa, 3 élastiques et 1 fusée

❶ À l'aide des élastiques, fixez les deux extrémités des ailes de la poule sous la baguette de balsa

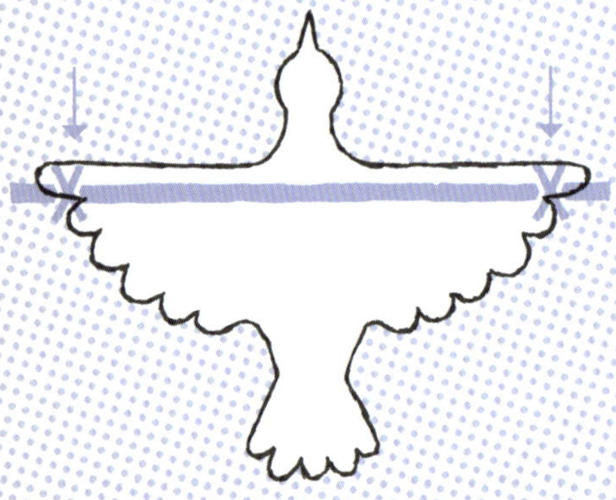

❷ Avec le troisième élastique, attachez la fusée sur la baguette

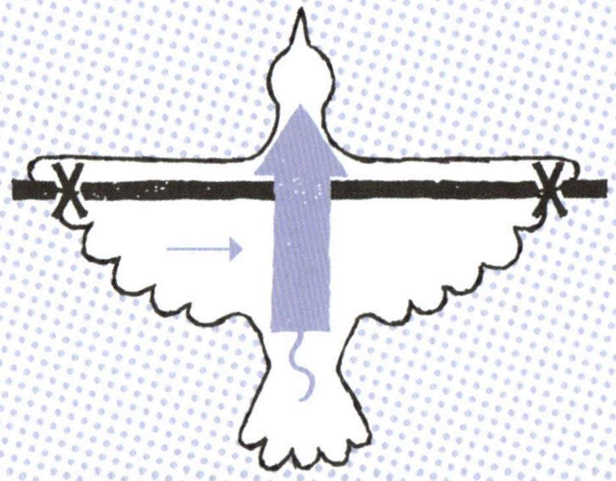

ATTENTION : n'utilisez pas de fusée explosive

3 Vous n'avez plus qu'à placer l'ensemble contre le vent et allumer la mèche.

NOTEZ BIEN : pour une autruche, munissez-vous d'une fusée plus grosse.

LES INSTRUMENTS À VENT

Grande famille musicale, ces instruments se divisent en quatre différents systèmes.

A **Ceux dans lesquels on souffle directement**

EXEMPLE : la flûte de pan

B **Ceux dans lesquels on souffle pour gonfler une réserve d'air**

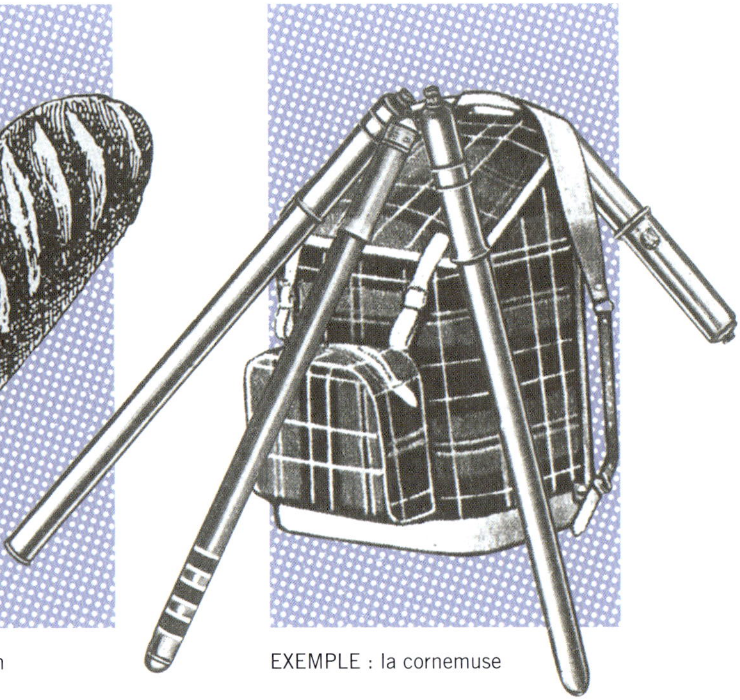

EXEMPLE : la cornemuse

C **Ceux munis d'un système mécanique pour générer de l'air par pompage**

EXEMPLE : l'accordéon

D **Enfin ceux qui sont alimentés en air, grâce à un compresseur**

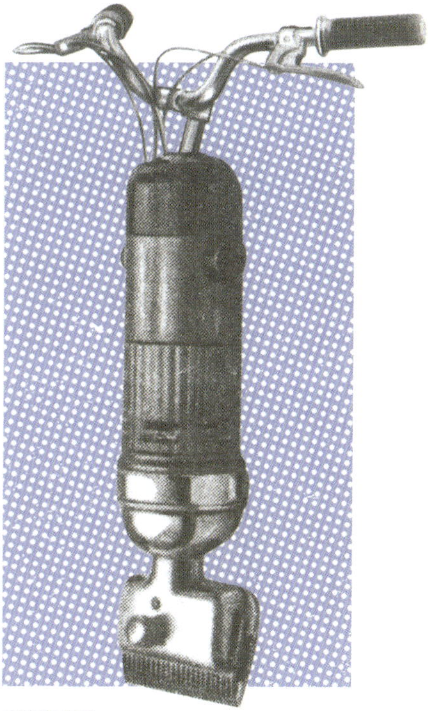

EXEMPLE :
le marteau-piqueur

NOTEZ BIEN : si le marteau-piqueur est si bruyant, c'est uniquement pour couvrir le son désagréable du compresseur.

LES BATEAUX À VOILE

Seules deux sortes de voiliers se sont succédées au fil des siècles.

A LE MODÈLE COMPLIQUÉ

Ce modèle a vite été abandonné car, aveuglé par toutes ses voiles, le navigateur ne parvenait que rarement à sortir du port.

B LE MODÈLE SIMPLE

Celui-ci offre toute visibilité pour manœuvrer.

QUEL EST LE PROBLÈME MAJEUR LIÉ À LA NAVIGATION À VOILE ?

Comme nous l'avons vu précédemment, le vent est généré par la rotation de la terre.

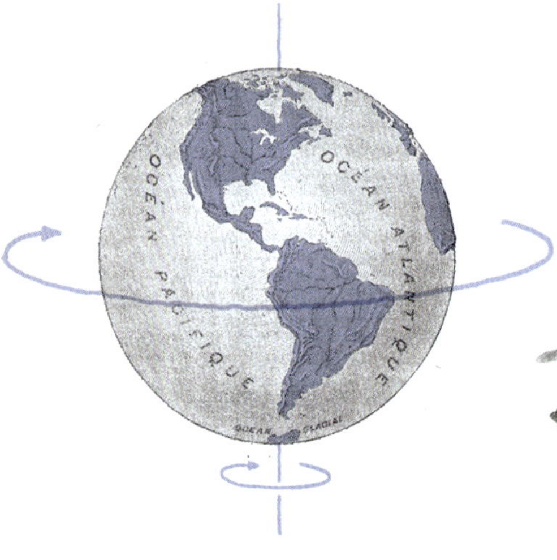

Celle-ci tournant d'EST en OUEST...

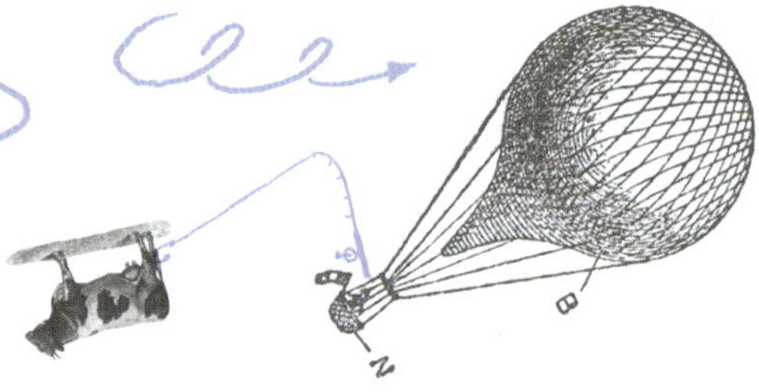

...le vent souffle donc d'OUEST en EST.

Par conséquent,
la traversée de l'Atlantique
d'EST en OUEST se présente
dans les meilleurs conditions.

Faire le voyage de retour est extrêmement plus difficile.

(Ce qui explique pourquoi l'Amérique fut découverte si tardivement).

CHRISTOPHE COLOMB. — Fils d'un tisserand de Gênes, Colomb, à vingt ans, prend la mer, comme tant de Gênois. Il navigue quelques années, fait l'Angleterre, l'Islande, les côtes d'Afrique ;

puis il s'établit à Lisbonne. C'est là qu'il mûrit son grand projet : « Chercher les Indes par la voie de l'Ouest » ; les Indes, qu'il sait riches de marchandises précieuses et d'or.

Econduit par le roi de Portugal, il s'adresse à Ferdinand d'Espagne, lui promet monts et merveilles, le gagne à sa cause, en obtient des vaisseaux, une subvention et, pour l'avenir, le titre de grand amiral, la vice-royauté des pays découverts, le monopole du commerce.

Quatre voyages en dix ans, de 1492 à 1502. A chacun d'eux, il pousse plus avant dans ce qu'il croit et croira toujours être l'avant-poste des Indes : les îles Lucayes, Cuba, Haïti d'abord ; puis les Petites Antilles ; puis le continent même (Colombie) ; le continent encore, de l'Orénoque à l'isthme de Panama.

Mais tout cela, ce n'est pas les Indes ! On le lui fit bien voir à Madrid.

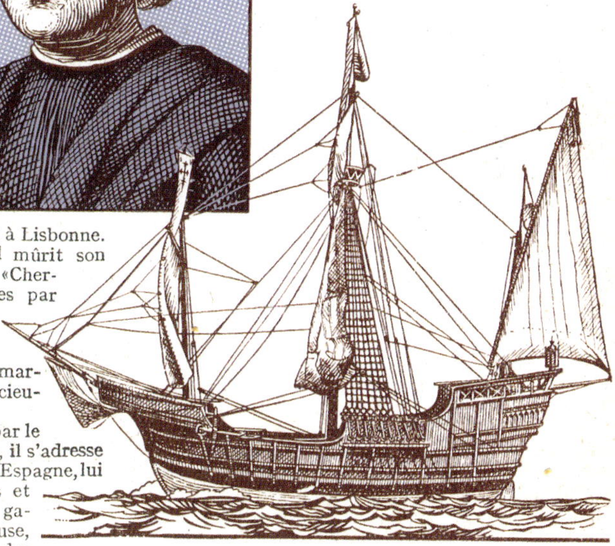

À bord du Santa Maria, modèle de type "compliqué", Christophe Colomb mit 1 semaine pour quitter le port de Polas de la Frontera et 3 mois pour atteindre Cuba

L'AIR ET L'ALTITUDE

Contrairement à l'eau, l'air est partout sur la Terre.

Il n'est donc pas utile de l'emmener avec soi en voyage (même à l'étranger).

Le schéma ci-contre indique de façon précise le niveau d'air et d'oxygène à différentes altitudes et vous aidera dans vos préparatifs avant chaque déplacement.

ESPACE — Pas d'air, donc pas d'oxygène

HAUTE ALTITUDE — Énormément d'air, mais peu d'oxygène

MOYENNE ALTITUDE — Beaucoup d'air et d'oxygène

NIVEAU DE LA MER — Énormément d'air et d'oxygène

SOUS LA MER — Pas d'air et seulement de l'oxygène pour les poissons

Il existe cependant trois endroits où il est nécessaire de prévoir sa dose d'air

A SOUS L'EAU

L'eau est dépourvue d'air et pauvre en oxygène.

Pour y survivre, il faut soit :
- faire de l'apnée
- se munir d'une bouteille d'air
- utiliser un sous-marin.

(Un sous-marin est une grosse bouteille d'air motorisée)

B EN HAUTE MONTAGNE

La haute altitude est très ventée mais peu oxygénée.

Pour y grimper, il faut se munir de bouteilles d'air.

(On pourrait penser qu'une bouteille d'air est beaucoup plus légère qu'une bouteille d'eau, mais c'est tout le contraire. On la préfère donc pour la plongée).

C DANS L'ESPACE

L'espace est aussi vide d'air que d'oxygène.

On y accède grâce à une fusée spatiale.

Schématiquement, une fusée est faite suivant ce plan :

L'ESPACE

L'espace est un endroit sombre et froid.
Il n'y a aucun son et on s'y ennuie un peu.

UN " LEVER " DE SATURNE, VU DE SON PREMIER SATELLITE. — Saturne au globe étincelant encerclé de son Anneau multicolore, s'élève lentement dans les airs. Il occupe à l'horizon une surface cent fois plus grande que la Lune vue de la Terre. Ainsi peut-on le voir de son premier satellite. S'il y a des habitants là-bas, et rien ne s'y oppose, de quel magnifique spectacle ne jouissent-ils pas ?

LE SON

Le son se propage dans l'air à la vitesse de 340 mètres/seconde, ce qui est très rapide. Cette vitesse est constante et ne varie pas en fonction de la variété de ses sources d'émission.

Par exemple, le cri du lièvre est aussi rapide que celui de la tortue.

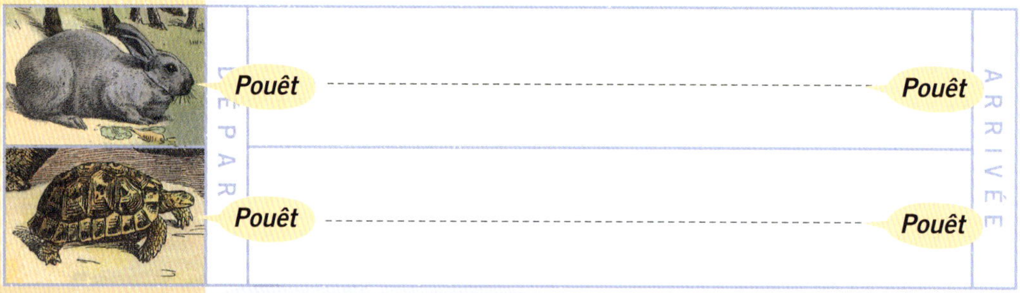

Ce second exemple vous donnera une meilleure idée de la rapidité du son :

Un individu X, placé dans le centre d'une ville crie très fort son prénom.

Environ 3 secondes plus tard, des milliers de personnes sauront comment il s'appelle à 2 km à la ronde et préviendront la police.

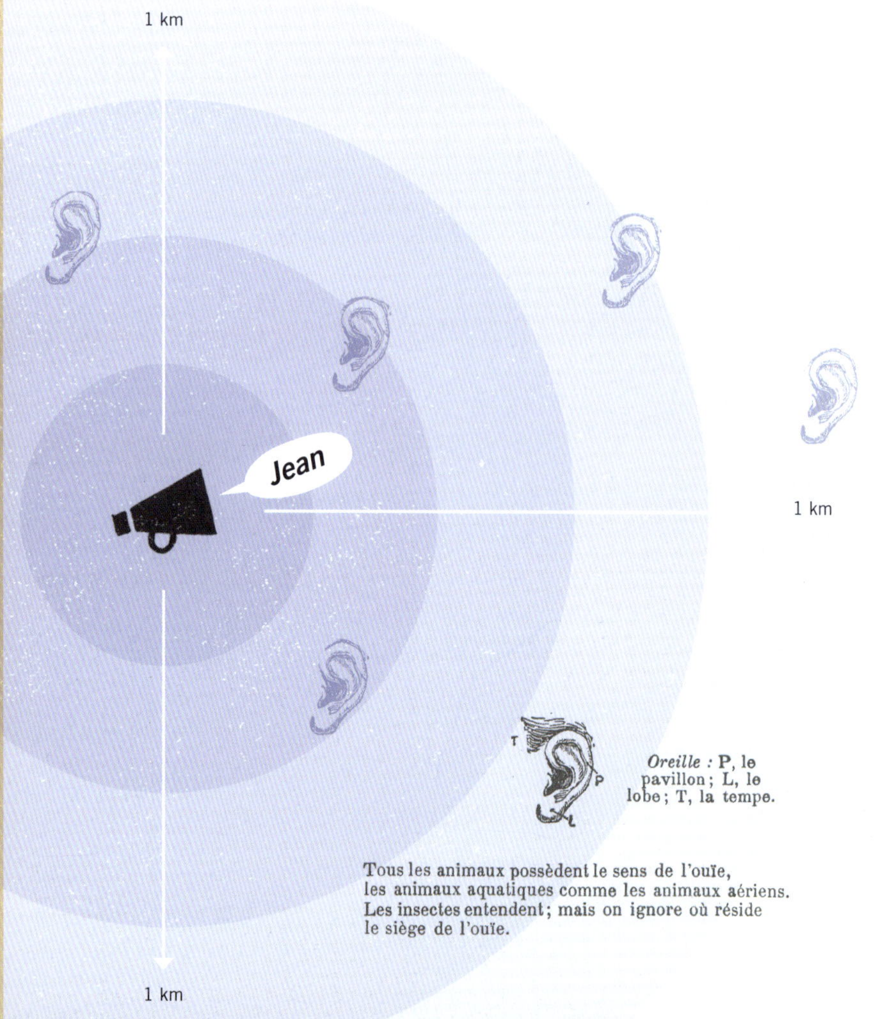

Oreille : P, le pavillon ; L, le lobe ; T, la tempe.

Tous les animaux possèdent le sens de l'ouïe, les animaux aquatiques comme les animaux aériens. Les insectes entendent ; mais on ignore où réside le siège de l'ouïe.

Calcul

PROBLÈME DE SON

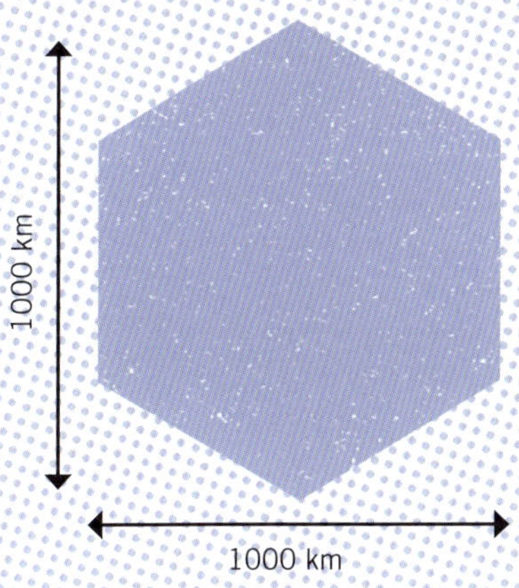

LA FRANCE EST UN HEXAGONE MESURANT À PEU PRÈS 1000 KM PAR 1000 KM.

ÉNONCÉ

Vous habitez dans une ville du centre de la France et vous criez votre prénom le plus fort possible.

QUESTION

En combien de temps serez-vous célèbre dans le pays tout entier ?

— SOLUTION : 25 minutes environ

340 m/s. Soit : 2,941 secondes pour faire 1 km. Soit : 1470,5 secondes pour faire 500 km.
Soit : 24,5 minutes.

Lorsqu'un objet dépasse la vitesse de 340 m/s (1224 km/h), on dit qu'il passe le MUR DU SON.

Faites-le vous-même !

EXPÉRIENCE SCIENTIFIQUE

Faire voler une vache à la vitesse du son, c'est facile.

INGRÉDIENT : 1 vache
MATÉRIEL : 1 vélo et 3 sandows

1 À l'aide des sandows, attachez la vache sur le porte-bagage de votre vélo

2 Conduisez-la à l'aéroport voisin

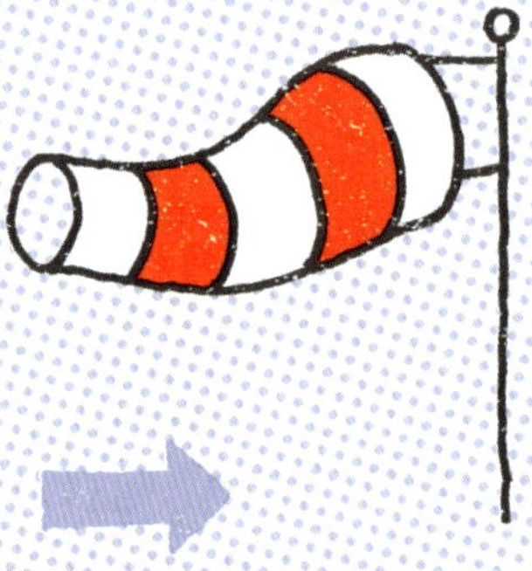

3 Vous n'avez plus qu'à installer la vache sur un siège du Concorde

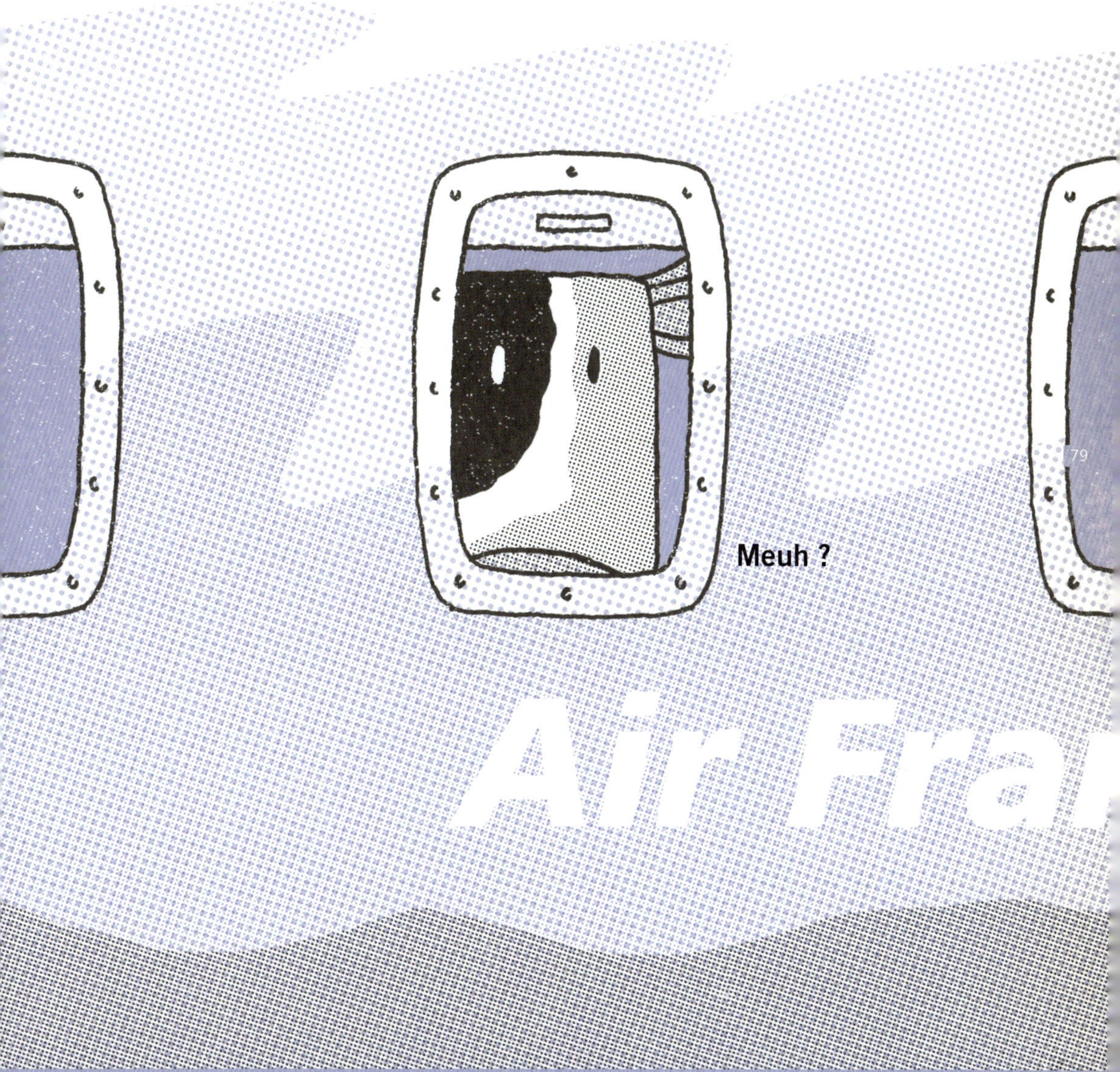

NOTEZ BIEN : première ou éco, peu importe la classe choisie.

LES ODEURS

À la différence du son, les odeurs se déplacent dans l'air suivant leur nature et leur source à des vitesses variables.

En effet, il s'avère que les mauvaises odeurs sont beaucoup plus rapides que les bonnes.

Et certains spécialistes vont jusqu'à prétendre que les pires des mauvaises odeurs passent le mur du son en produisant un "bang" sonore caractéristique.

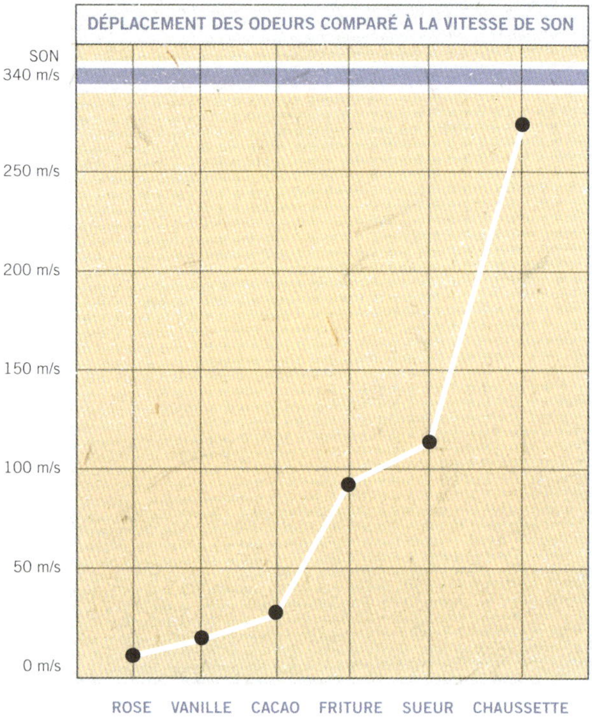

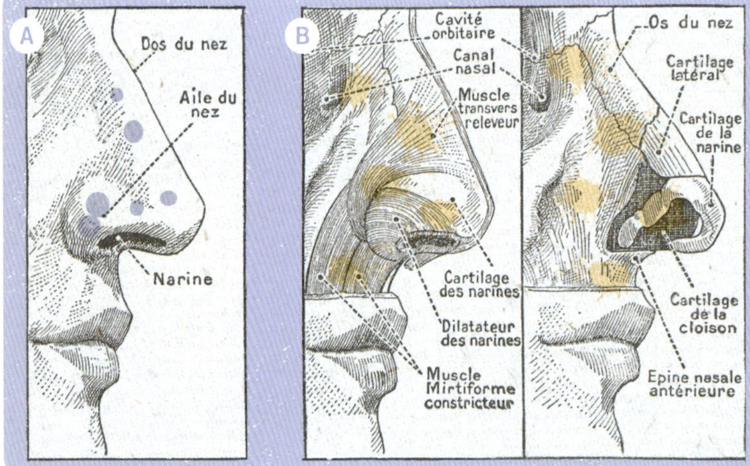

Comment le nez perçoit les odeurs ?

A - La bonne odeur caresse délicatement le dos, les ailes et les narines.

B - La mauvaise, elle, attaque les muscles, les nerfs et va même jusqu'à détériorer les cartilages.

De très sérieuses recherches furent menées pour lutter contre les mauvaises odeurs. Il en découla un grand nombre d'inventions dont la plus efficace fut celle du Professeur Watson, le *"DÉSODORODOR™"*.

Cet appareil électrique ne laissait pénétrer aucune odeur dans la cage.

Malheureusement, l'engin avait tendance à chauffer et le sujet enfermé à l'intérieur finissait par sentir la transpiration.

Finalement l'appareil fut abandonné, détrôné par le masque qui a l'avantage d'être transportable.

MASQUES FRANÇAIS

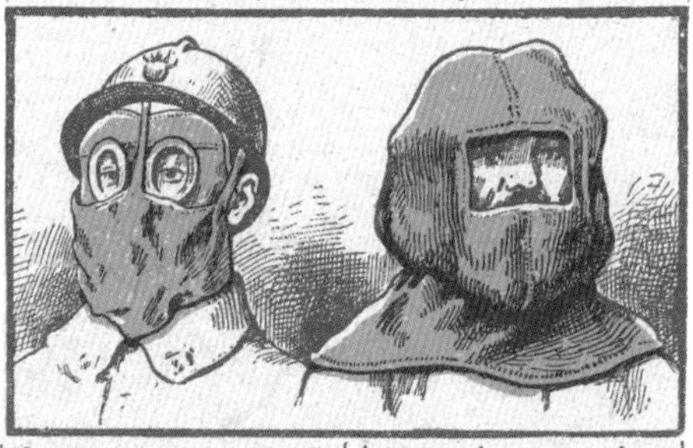

Nouveau masque protecteur en usage dans nos armées. | Autre type de masque en forme de cagoule enveloppant la tête.

MASQUES ALLEMANDS

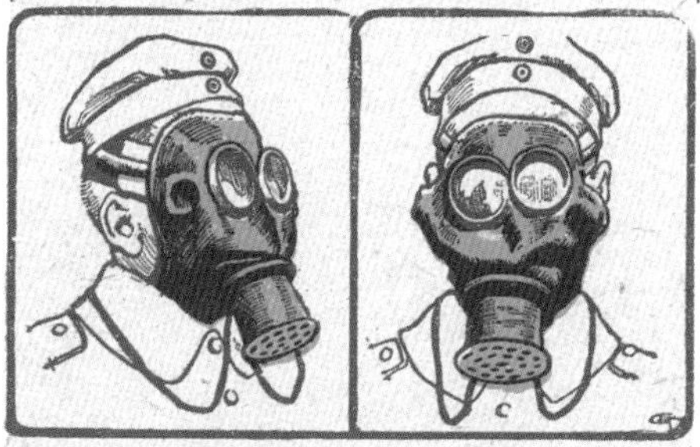

Le masque allemand diffère quelque peu des nôtres. Il ressemble à un groin métallique.

ASTROLOGIE

Voici en guise de conclusion, les trois signes du zodiaque gouvernés par l'élément Air.

Ⓐ LES GÉMEAUX

21 mai - 21 juin
Planète : Mercure

Gémeau célèbre :
Frédéric François

La chanson du jour :
Laisse-moi vivre ma vie

B LE VERSEAU

20 janvier - 18 février
Planète : Uranus

Verseau célèbre :
Claude François

La chanson du jour :
Le téléphone pleure

C LA BALANCE

23 septembre - 22 octobre
Planète : Vénus

Balance célèbre :
Hervé Vilard

La chanson du jour :
Capri, c'est fini

CHAPITRE 3

INTRODUCTION

LES MINÉRAUX

LES MÉTAUX

LES VÉGÉTAUX

LES FRUITS

LE VER DE TERRE

LA TAUPE

LA PLANÈTE TERRE

L'ATTRACTION PLANÉTAIRE

L'ATTRACTION TERRESTRE

L'ATTRACTION LUNAIRE

LA CROÛTE TERRESTRE

LA TEMPÉRATURE DU SOL

LA TEMPÉRATURE DU SOUS-SOL

LES ONDES SISMIQUES

LES ONDES PHONIQUES

LA SPÉLÉOLOGIE

ASTROLOGIE

LA TERRE

INTRODUCTION

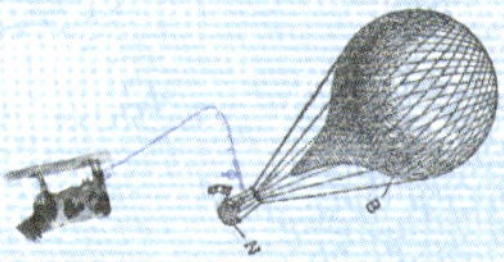

La ressemblance entre l'élément Air et l'élément Terre s'arrête à la prononciation, car la terre est un élément mou plus ou moins marron sur lequel roulent les 4x4 et où poussent les végétaux.

Elle est située généralement en bas et est recouverte de ciel (sauf en Australie où c'est tout l'inverse).

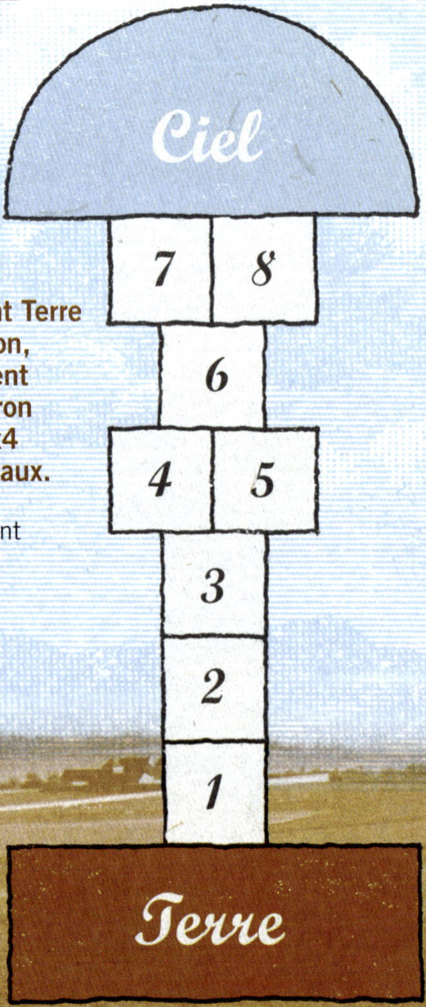

Position de la terre par rapport au ciel français.

Position de la terre par rapport au ciel australien.

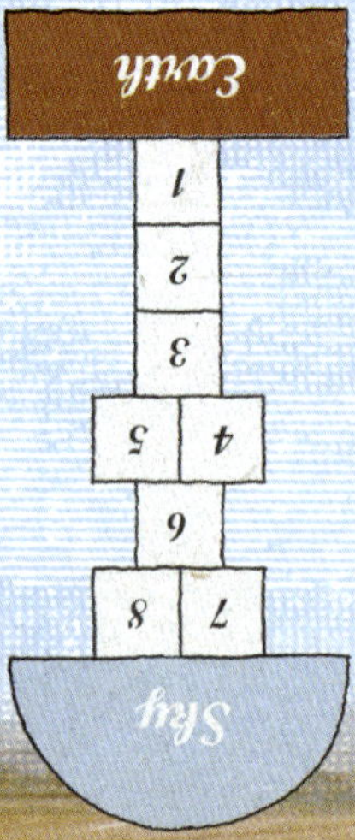

Le professeur Watson en plein laboratoire

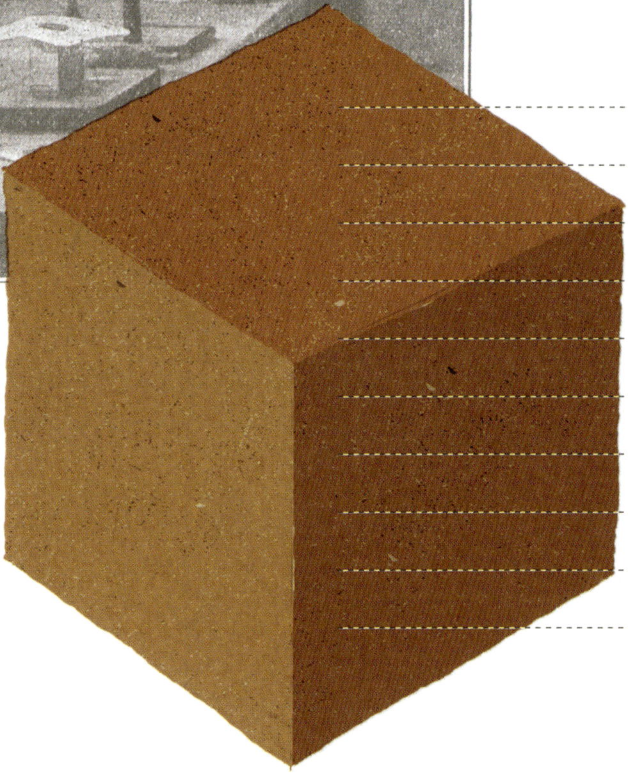

En France, un m³ de terre est composé en moyenne de :

32% de minéraux

13% de métaux

24% de végétaux décomposés

10% d'insectes morts

9% d'animaux vivants morts

1% de gaz naturel

1% de déchets radioactifs

1% de trésors de pirates

2% de restes de dinosaures

6% de morceaux de gaulois

1% de morceaux de romains

LES MINÉRAUX

Constitués de matière inorganique (opposés aux végétaux), les minéraux sont des corps inertes. Il en existe deux sortes.

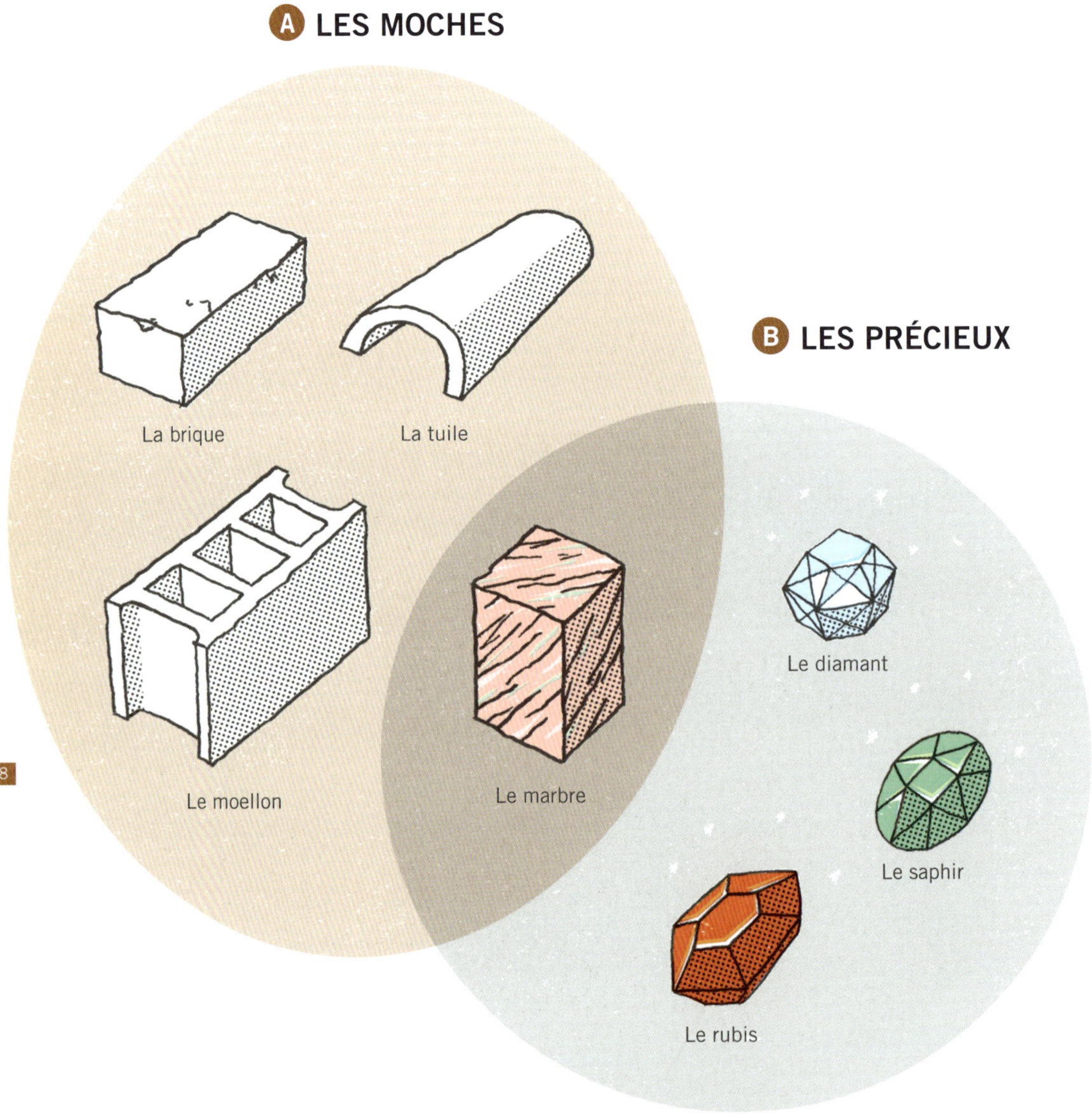

NOTEZ BIEN : le marbre, une fois finement sculpté, devient précieux.

LES MÉTAUX

Les métaux sont un peu comme les minéraux, à la différence qu'ils présentent un éclat particulier (dit "métallique"). Là encore, il en existe deux sortes.

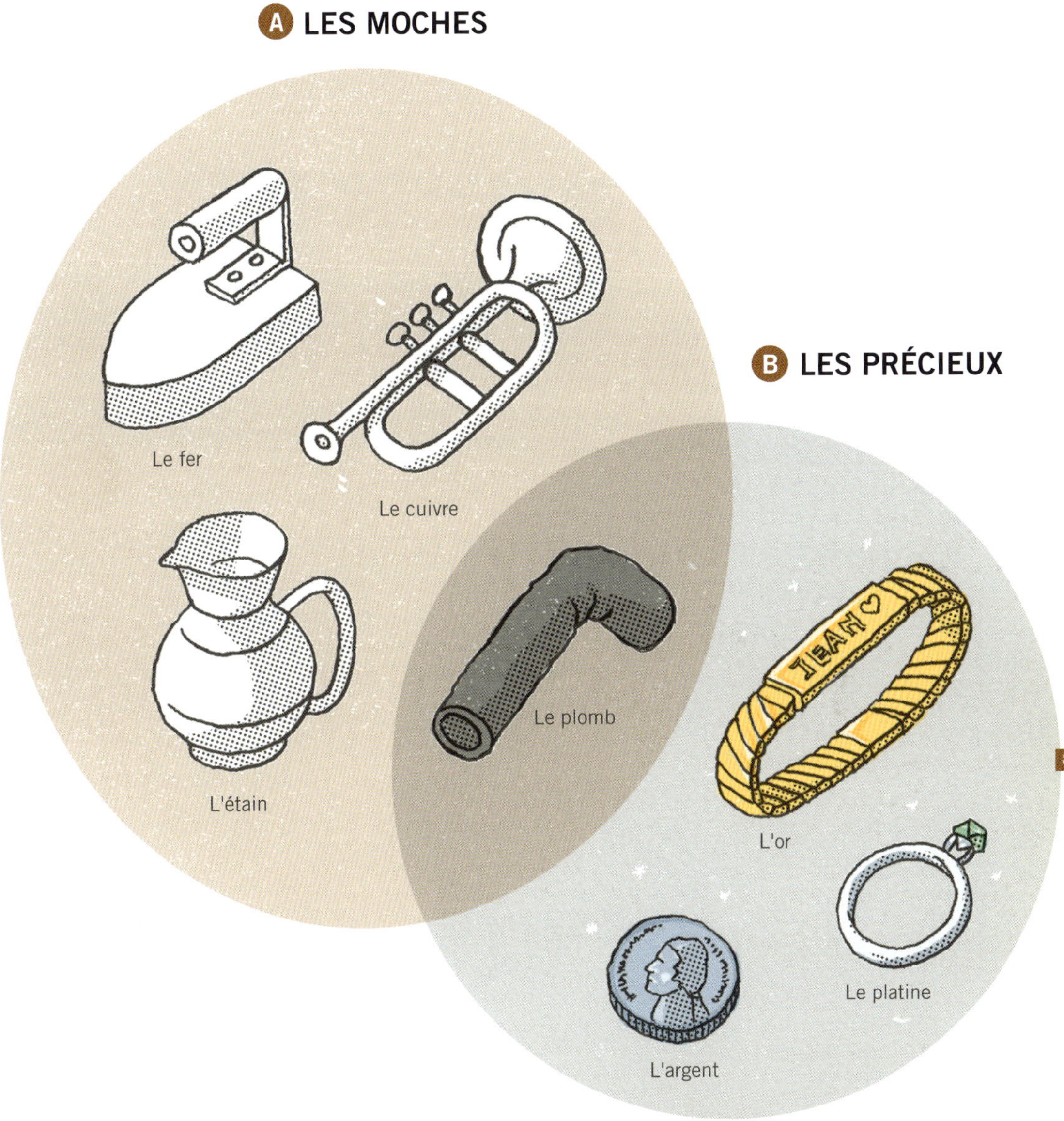

Le plomb lui aussi, une fois transformé en or, devient précieux.

LES VÉGÉTAUX

Les végétaux sont des êtres vivants qui, par rapport à certains autres plus actifs, végètent (ce qui les rend très vulnérables).

Parmi les végétaux les plus convoités, nous trouvons deux sortes de légumes.

Ⓐ Ceux qui poussent directement dans la terre et dont on mange la racine.

EXEMPLE : la carotte

La carotte et l'oignon ont été importés de Turquie.

B Ceux qui poussent sur un plant et dont on mange le fruit.

EXEMPLE : la tomate

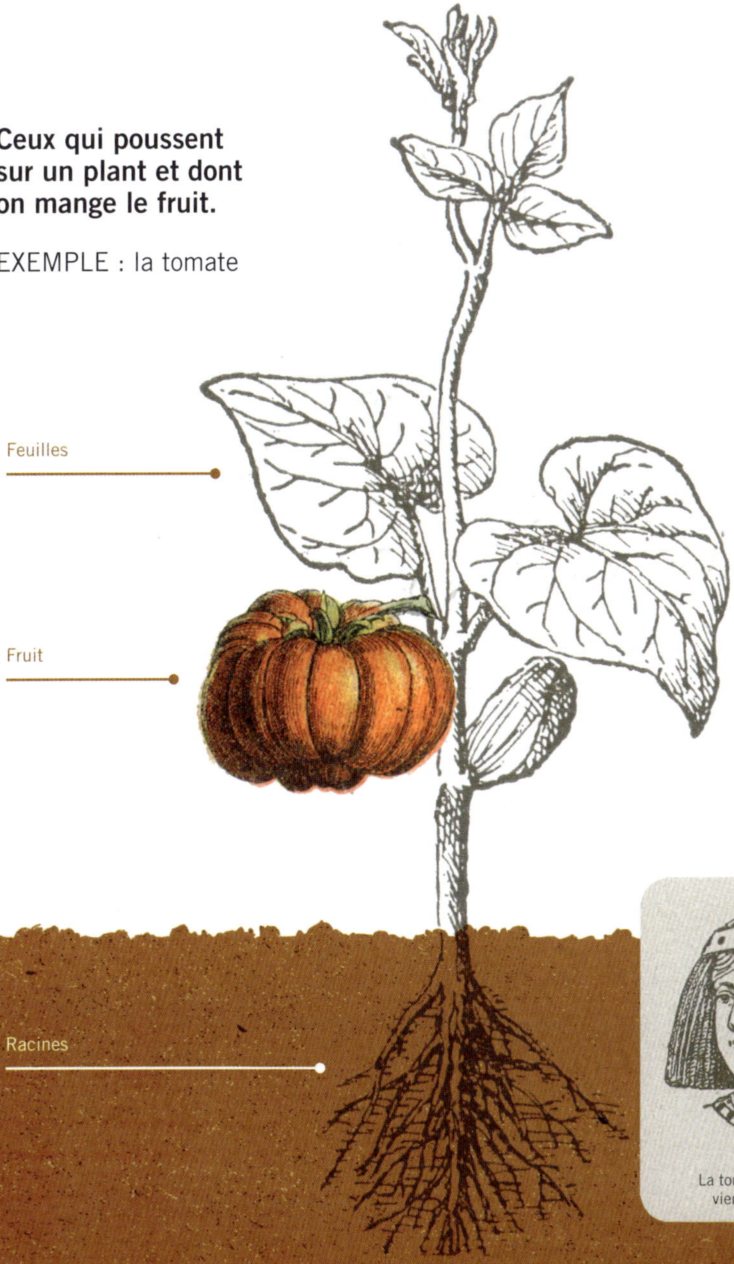

La tomate et le potiron viennent d'Egypte.

NOTEZ BIEN : malgré leur couleur, la carotte et la tomate sont des légumes verts.

LES FRUITS

Les fruits, eux, sont sucrés et poussent le plus souvent sur un arbre.

EXEMPLE : le pommier

NOTEZ BIEN : l'arbre fruitier porte le nom du fruit avec "IER" comme terminaison, (à l'exception du Boulangier qui se nomme en fait "Arbre à pain").

Cas particulier, la pomme de terre est en réalité une pomme de l'air mûrissant sur un pommier qui a été planté à l'envers.

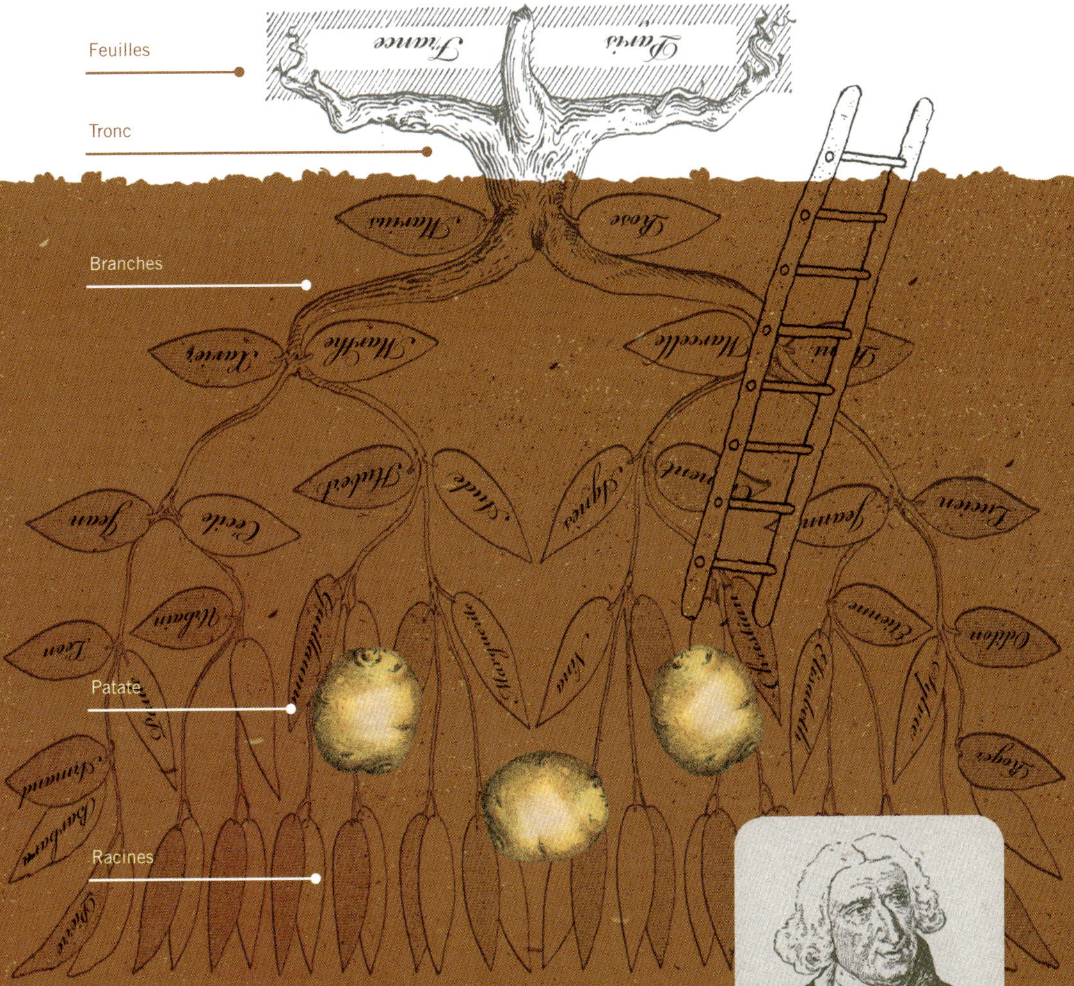

L'embêtant avec la pomme de terre, c'est qu'il faut, pour la cueillir, grimper dans le sol.

Hachis Parmentier, inventeur de la pomme de terre.

LE VER DE TERRE

Parmi les habitants du sous-sol, le ver de terre est sans aucun doute le plus passionnant.

Ne possédant ni yeux ni dents ni oreilles, le lombric se nourrit de matières végétales en décomposition qu'il trouve à tâtons.

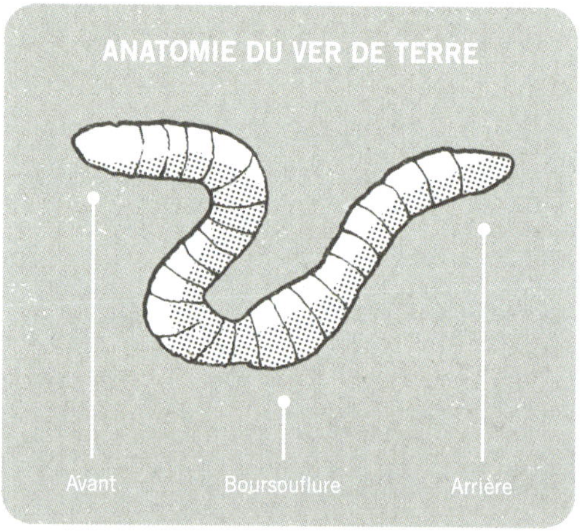

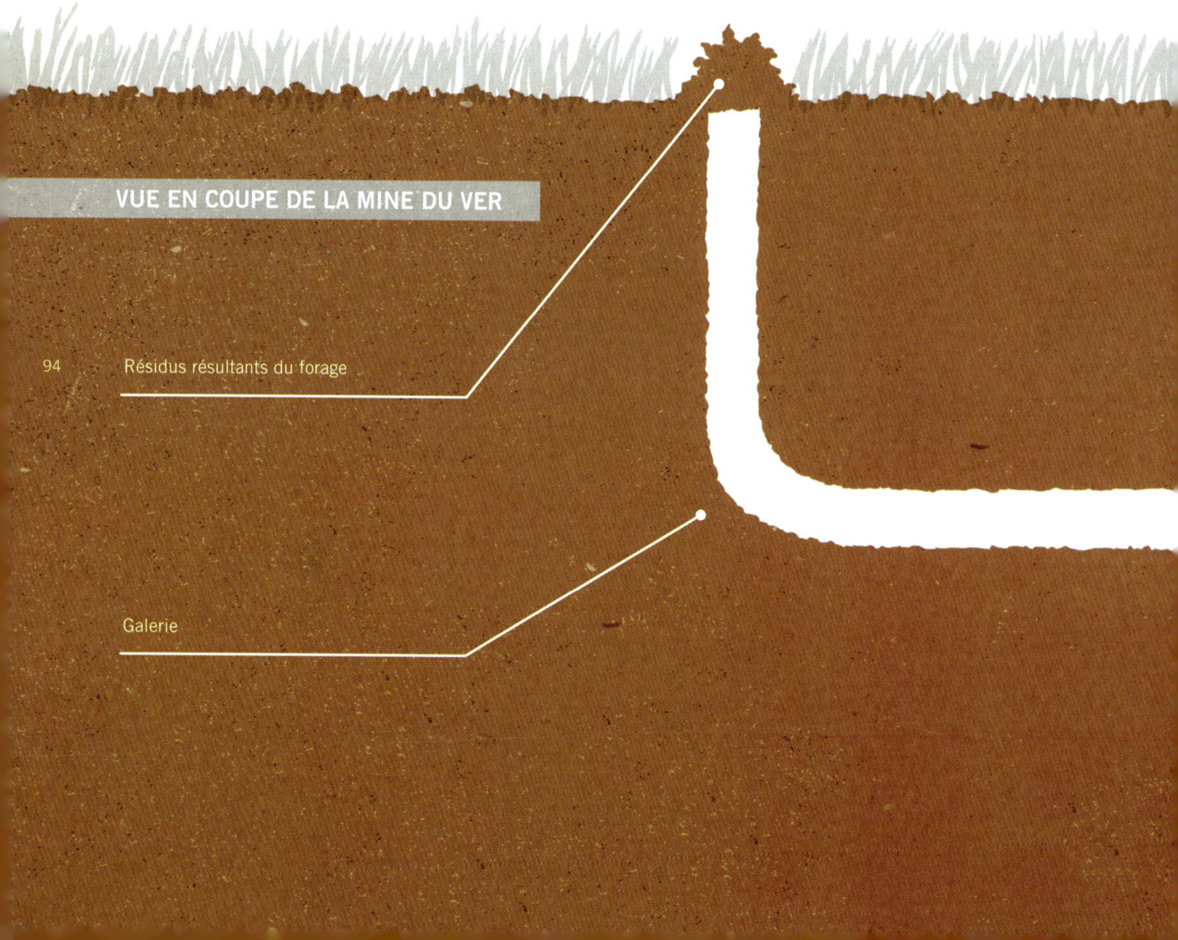

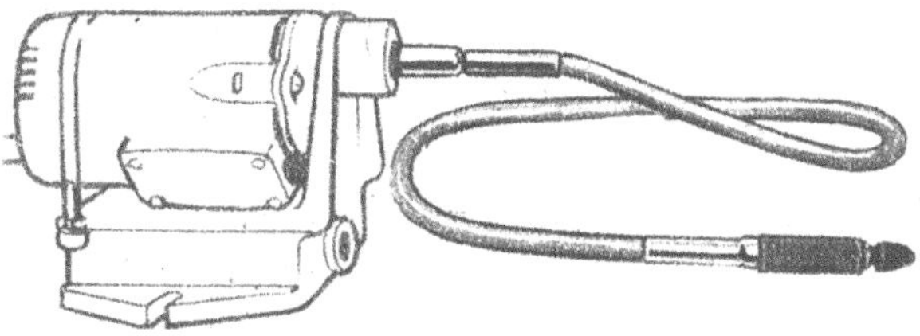

Système de forage adopté par le ver

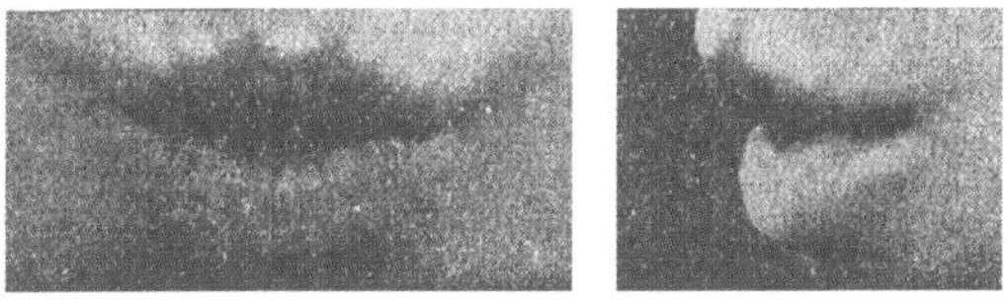

Gros plans de la bouche de l'animal

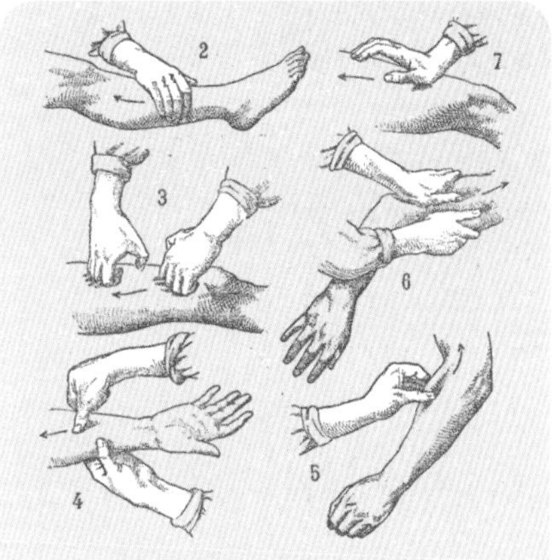

Système de détection des aliments

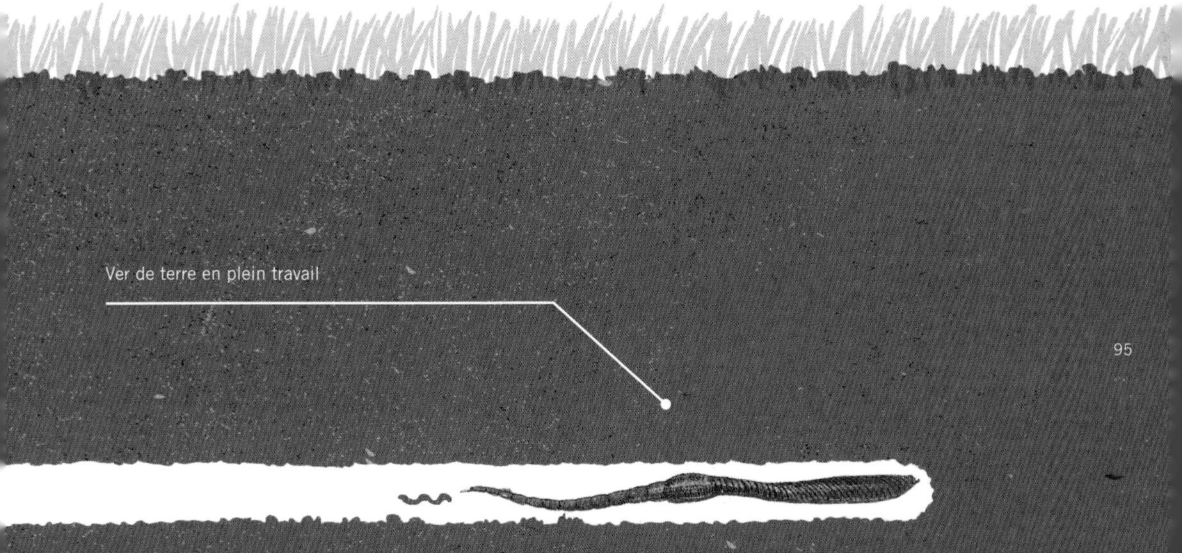

En sécurité dans son habitat, le ver de terre a cependant deux dangereux ennemis :

A LE PÊCHEUR

B LA TAUPE

LA TAUPE

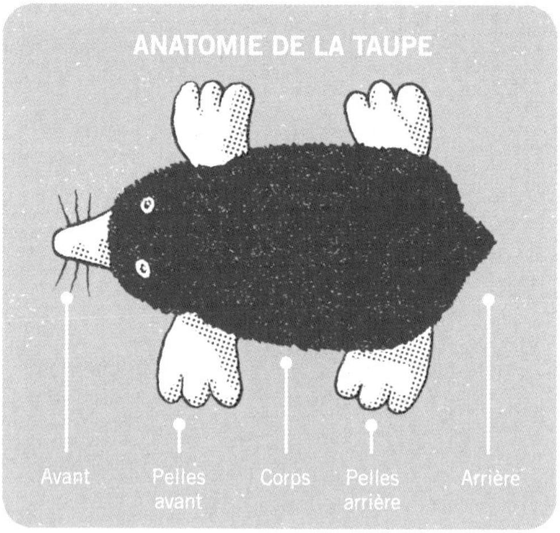

Myope comme une taupe, la taupe est cependant dotée d'une oreille très fine qui lui permet de détecter le moindre tâtonnement dans le sol.

Elle se nourrit principalement de restes de pique-nique et de vers de terre qu'elle mange comme nous mangeons un spaghetti, en l'aspirant bruyamment.

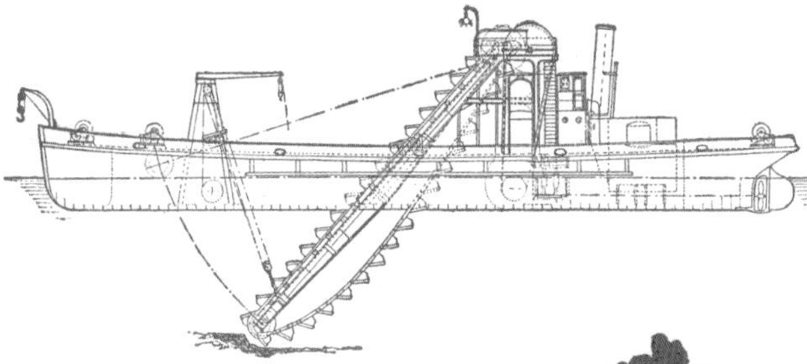

Système de forage
adopté par la taupe

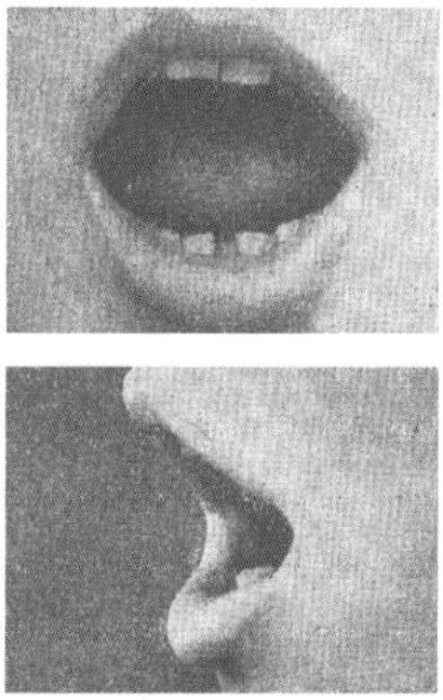

Gros plans de la
bouche de l'animal

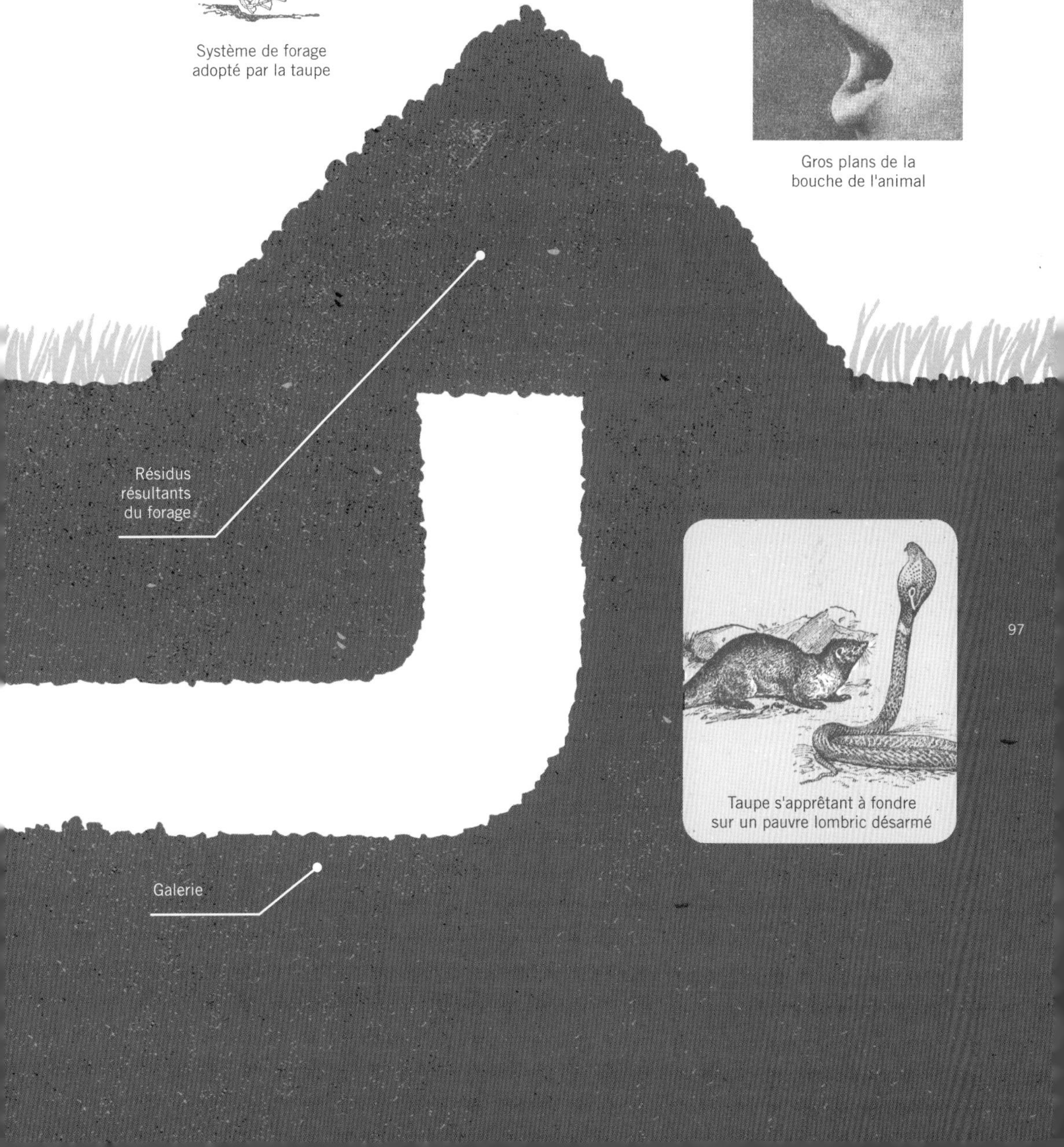

Taupe s'apprêtant à fondre
sur un pauvre lombric désarmé

NOTEZ BIEN : depuis des millénaires,
les taupes les plus grosses du monde vivent en Egypte.

Grosses comme
10 chameaux !

Plate, puis ronde, le milieu scientifique a décidément encore du mal à se mettre d'accord sur la forme de la Terre.

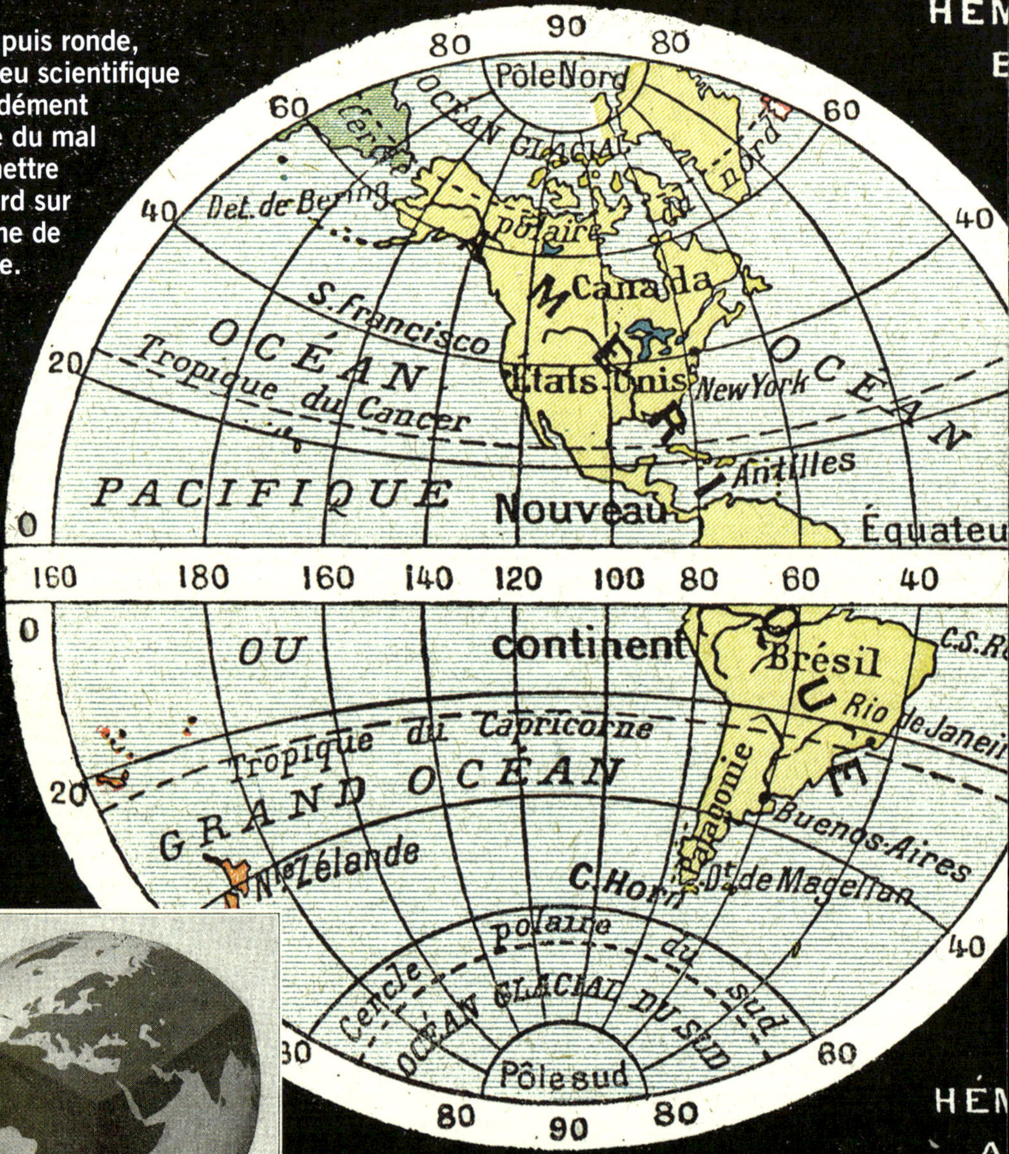

LA TERRE N'EST PAS RONDE. — On peut voir sur cette gravure la forme que lui donnent aujourd'hui les savants.

Ce qui semble sûr dans tous les cas, c'est qu'elle est recouverte

de terre (30%)

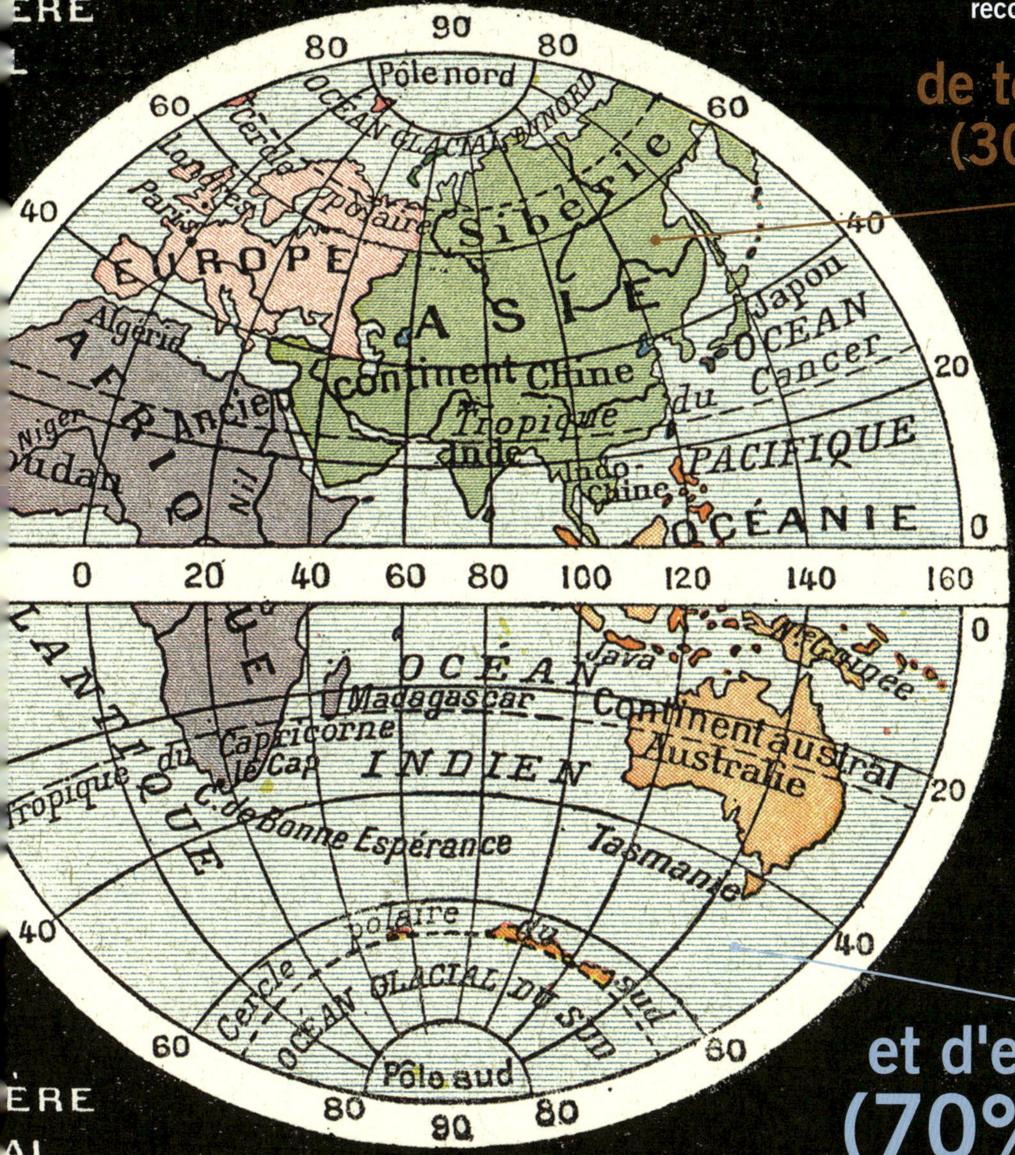

et d'eau (70%)

Cependant, notre planète n'a pas toujours eu cet aspect familier.

Il y a des millions d'années, les 30% de terre étaient réunis en un seul et immense continent.

Tous les habitants y vivaient en excellente harmonie et parlaient français.

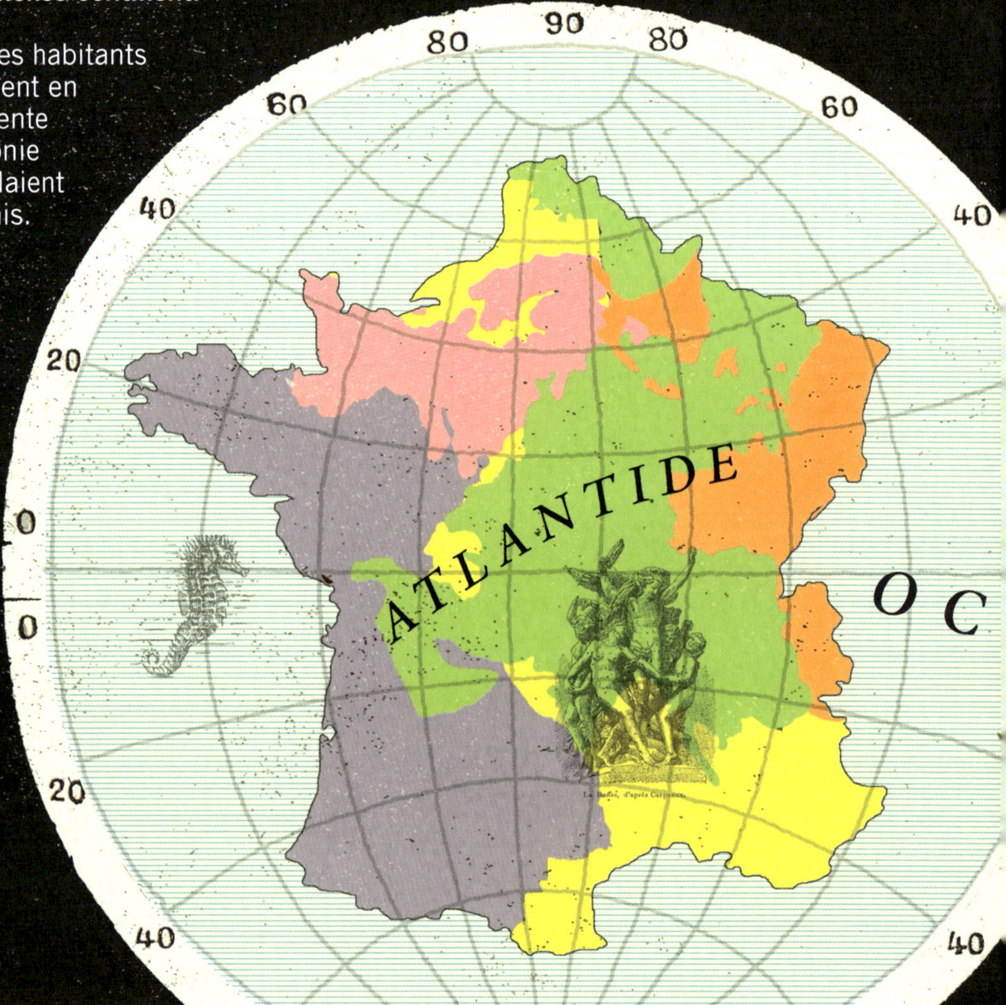

Costumes de régions diverses

Une maison typique du nord-ouest du pays

De l'autre côté, il n'y avait rien d'autre qu'un gigantesque océan regorgeant de vie.

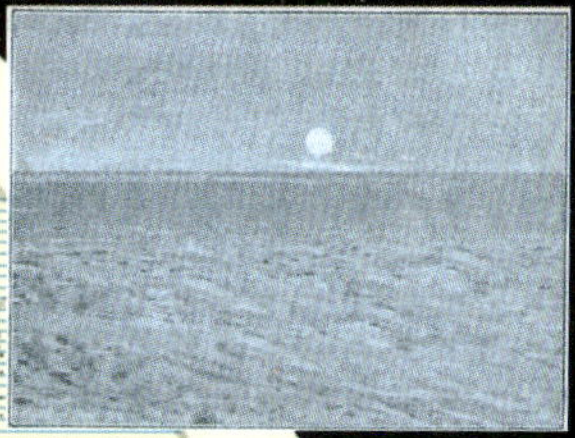

Quelques vues de l'Atlantique du Nord au Sud

La nature ayant horreur du vide, l'unique terre commença à se disloquer et se répartit sur toute la surface de la planète en cinq continents aux coutumes et langages très variés.

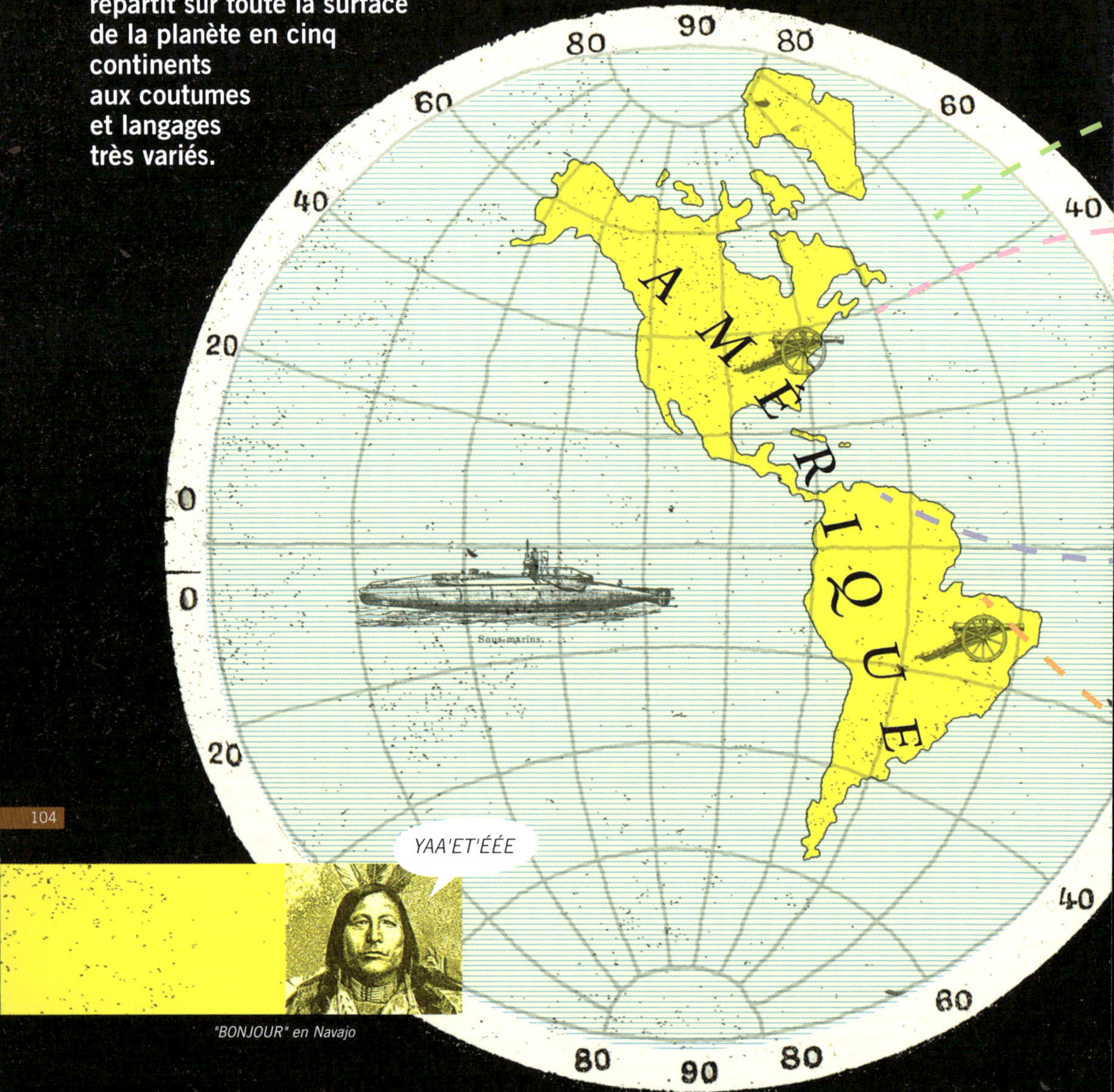

"BONJOUR" en Navajo

À partir de ce jour-là, les hommes ne se comprenant plus entre eux ont commencé à s'envoyer des tomahawks et autres missiles à la figure.

*d'après la légende, en arrivant en Australie, James Cook demanda à un Aborigène comment il appelait ce gros lapin sauteur. Celui-ci aurait répondu *"Kang-aroo"* ce qui signifierait dans sa langue *"Je ne comprends pas"*.

L'ATTRACTION PLANÉTAIRE

**Dans l'espace,
tout corps subit l'attraction
d'un corps plus gros que lui.**

Par exemple :
attirées par le soleil,
les planètes restent
en orbite autour de lui,
comme la Lune autour
de la Terre ou les
moustiques autour
du lit.

MERCURE.
Température à la surface : 200° au-dessus de zéro. — Montagnes : 4 000 à 5 000 m. — Translation autour du Soleil : 88 jours. — Révolution sur son axe : incertaine. — Durée de jour et nuit : inconnue. — Atmosphère très raréfiée si elle existe ; inhabitable pour organisme humain. — Possède des phases, comme la Lune ; se couche peu après le Soleil, se lève un peu avant lui.

VÉNUS.
— Température à la surface : 4 fois plus élevée que sur la Terre. — Translation autour du Soleil. : 225 jours. — Autres caractères incertains ou inconnus. La planète *doit etre* dans les mêmes conditions que la Terre à l'ère primaire.

NOTEZ BIEN : quand on se pose sur Terre, on atterrit. Sur la Lune, on alunit.
Sur Vénus, on avénusit mais sur Mercure, on freddiemercurit.

L'ATTRACTION TERRESTRE

De la même manière, les corps restent collés sur le sol de la Terre, attirés par son centre comme par un aimant très puissant.

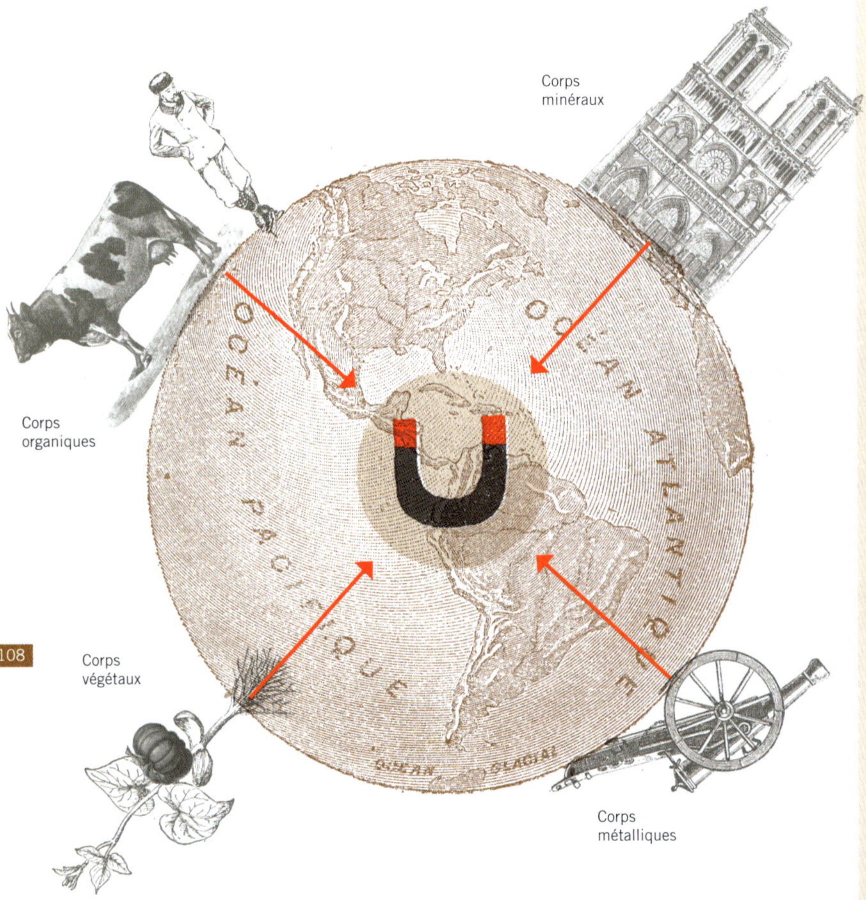

Cette attraction fut d'ailleurs l'un des problèmes majeurs lors de la conquête de l'air.

Sur la Terre, un avion en zinc s'écrase plus fort qu'un zinc en papier.

L'ATTRACTION LUNAIRE

**Plus petite que la Terre,
la Lune offre donc une attraction
beaucoup moins importante.**

Par exemple : un corps pesant 100 kg
sur Terre sera 6 fois plus léger sur la Lune
(soit 16,666 kg).

Calcul

PROBLÈME DE POIDS

ÉNONCÉ

Vous avez dans votre coffre
un lingot d'or de 1000 cm^3 (1 dm^3).
Ce lingot pèse environ 19 Kg
et coûte 411 445 €.

QUESTION

Combien vaut-il sur la Lune ?

SOLUTION : 6 fois moins cher

Il est donc très avantageux d'acheter de l'or
sur la Lune pour le revendre sur Terre.

Faites-le vous-même !

EXPÉRIENCE SCIENTIFIQUE

Annuler l'attraction planétaire, c'est facile.

INGRÉDIENT : 1 Lune
MATÉRIEL : 1 pelle

1. À l'aide de la pelle, creusez un trou dans la Lune du nord au sud

2. Jetez-y un objet lourd

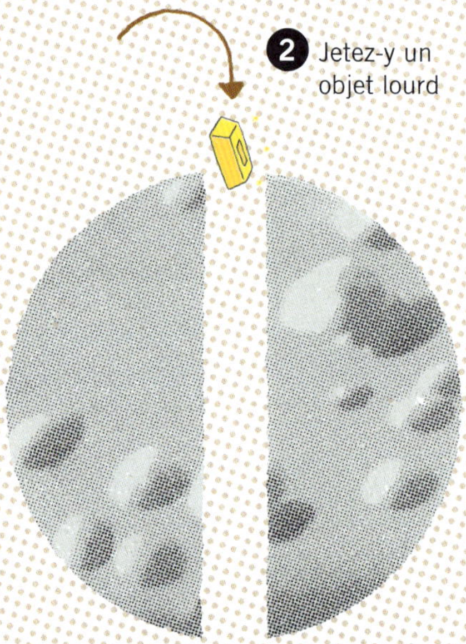

VOILÀ : comme vous le constatez,
attiré par le centre de la planète, l'objet s'y arrête
et reste coincé là, en apesanteur.

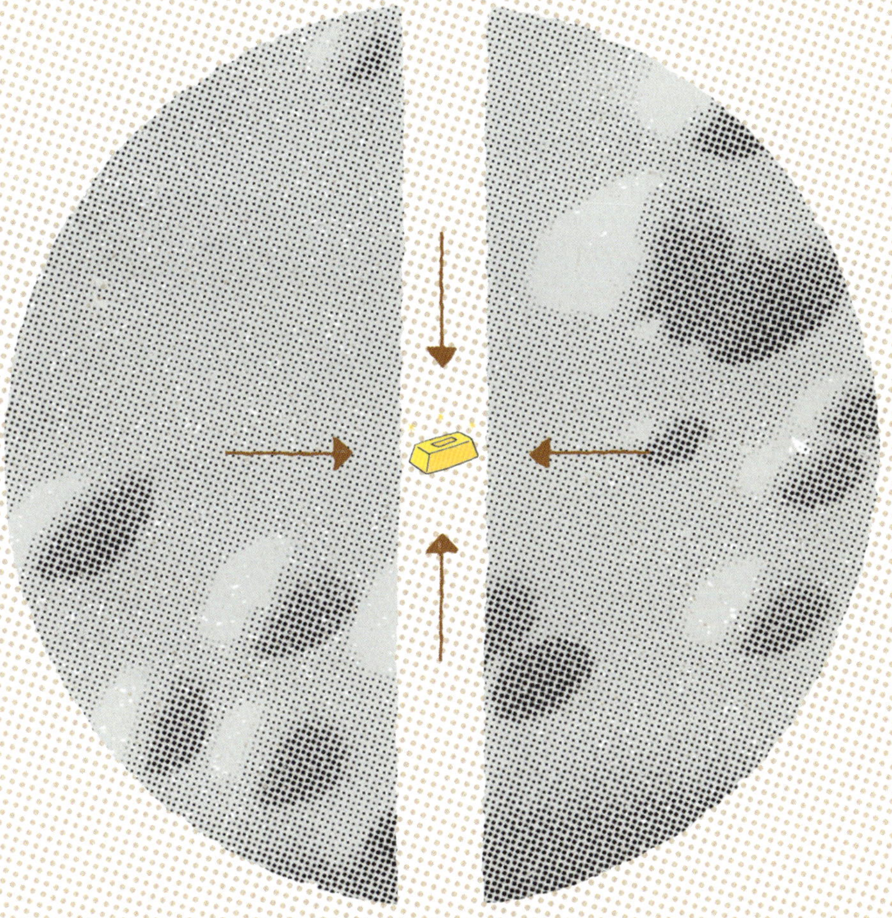

ATTENTION : tout corps jeté dans la Lune est considéré comme perdu.

LA CROÛTE TERRESTRE

La croûte terrestre tire son nom de la ressemblance qu'elle a avec une tranche de pâté en croûte (croûte, gelée, pâté).

Elle est composée de trois couches superposées.

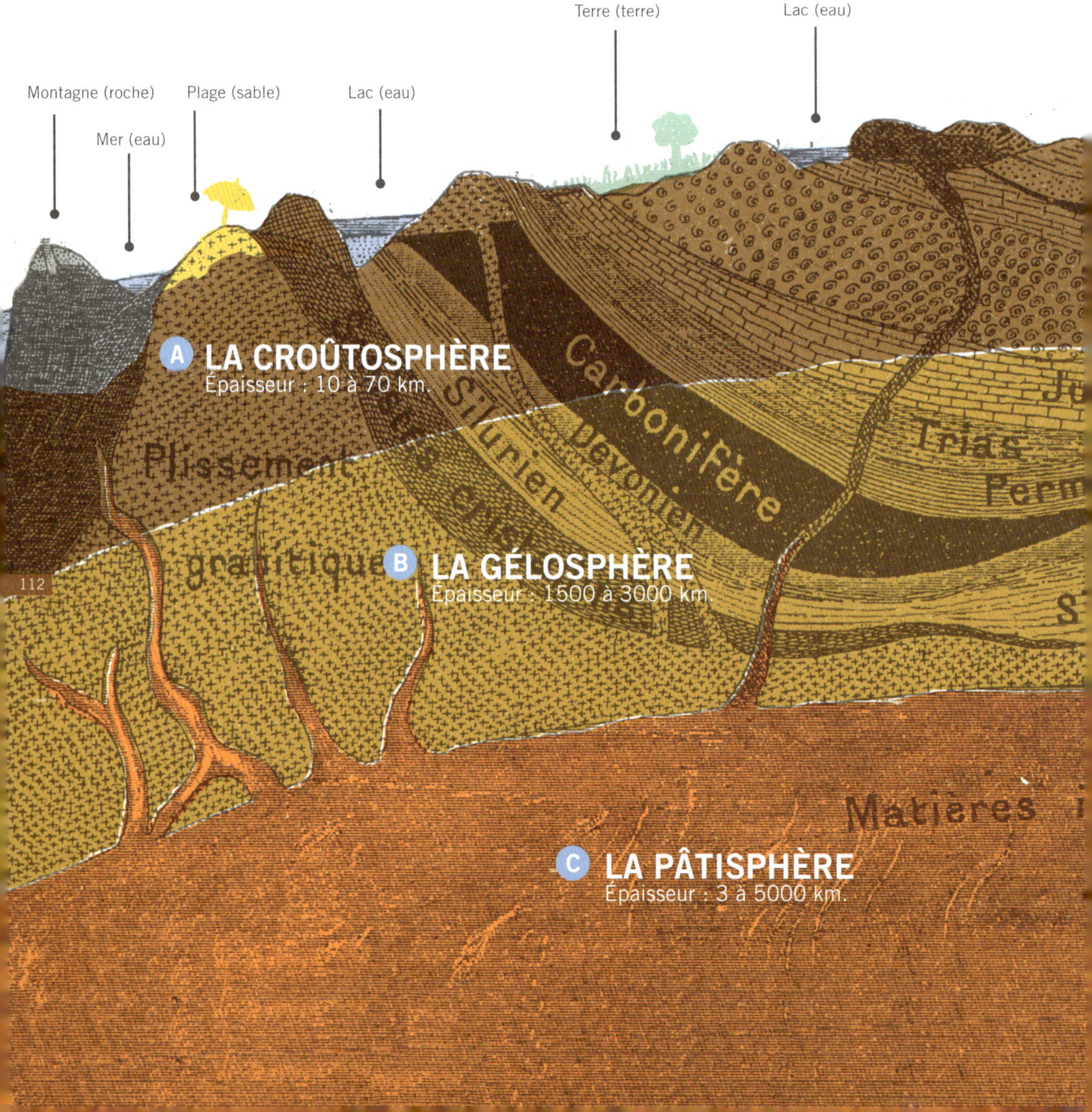

Puits de pétrole

Mine de sel

Carrière de sucre
en morceau

Volcan allumé
(lave chaude)

Volcan éteint
(lave froide)

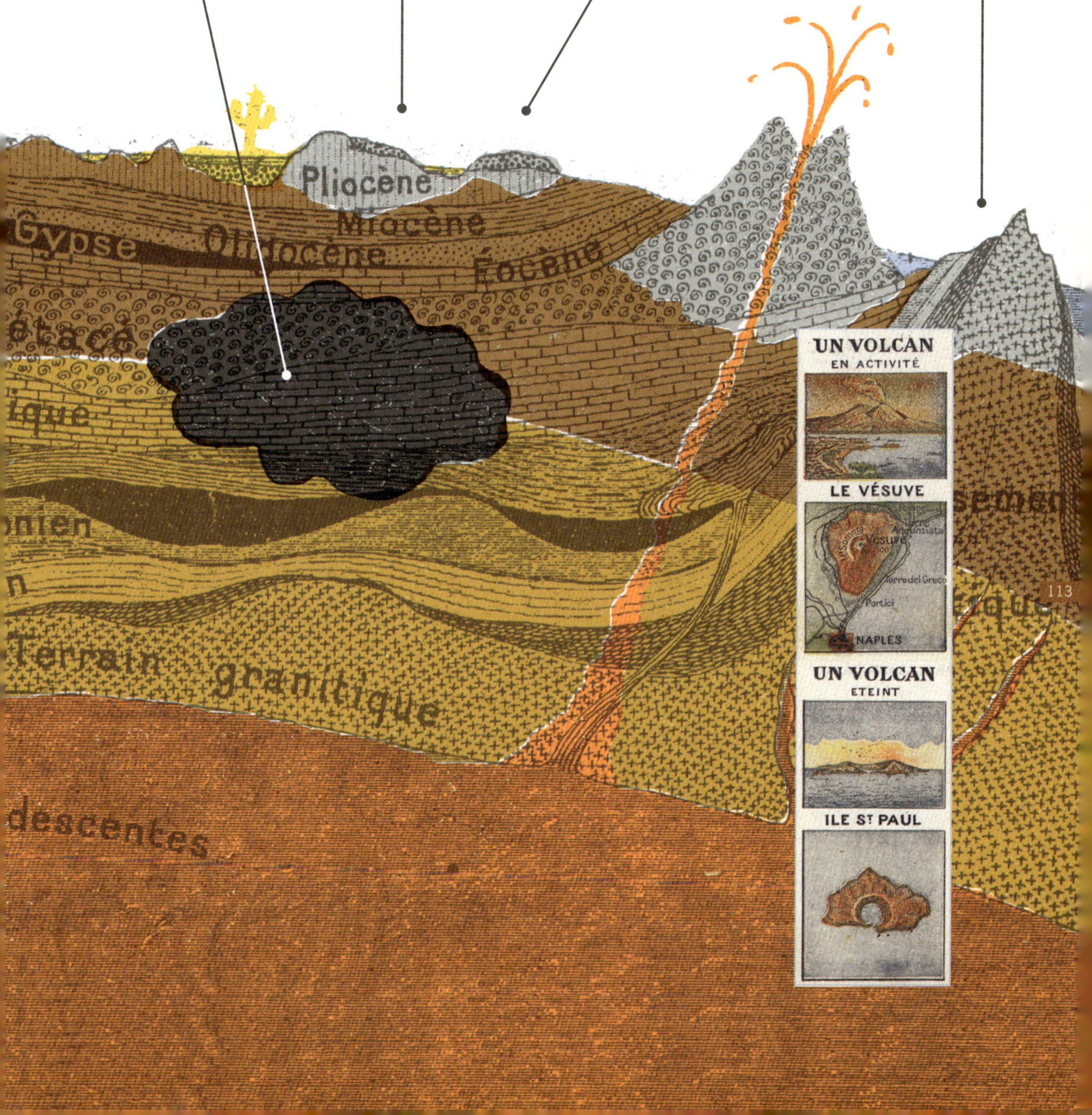

LA TEMPÉRATURE DU SOL

La température du sol varie en fonction du climat en surface.

Plus il est chaud, plus le sol se réchauffe (à l'exception de l'Iceland où c'est tout l'inverse).

LA TEMPÉRATURE DU SOUS-SOL

Par contre, la température du sous-sol varie, elle, en fonction de la profondeur.

Plus on s'enfonce, plus on a chaud (comme quand on essaye de cacher la vérité derrière un mensonge).

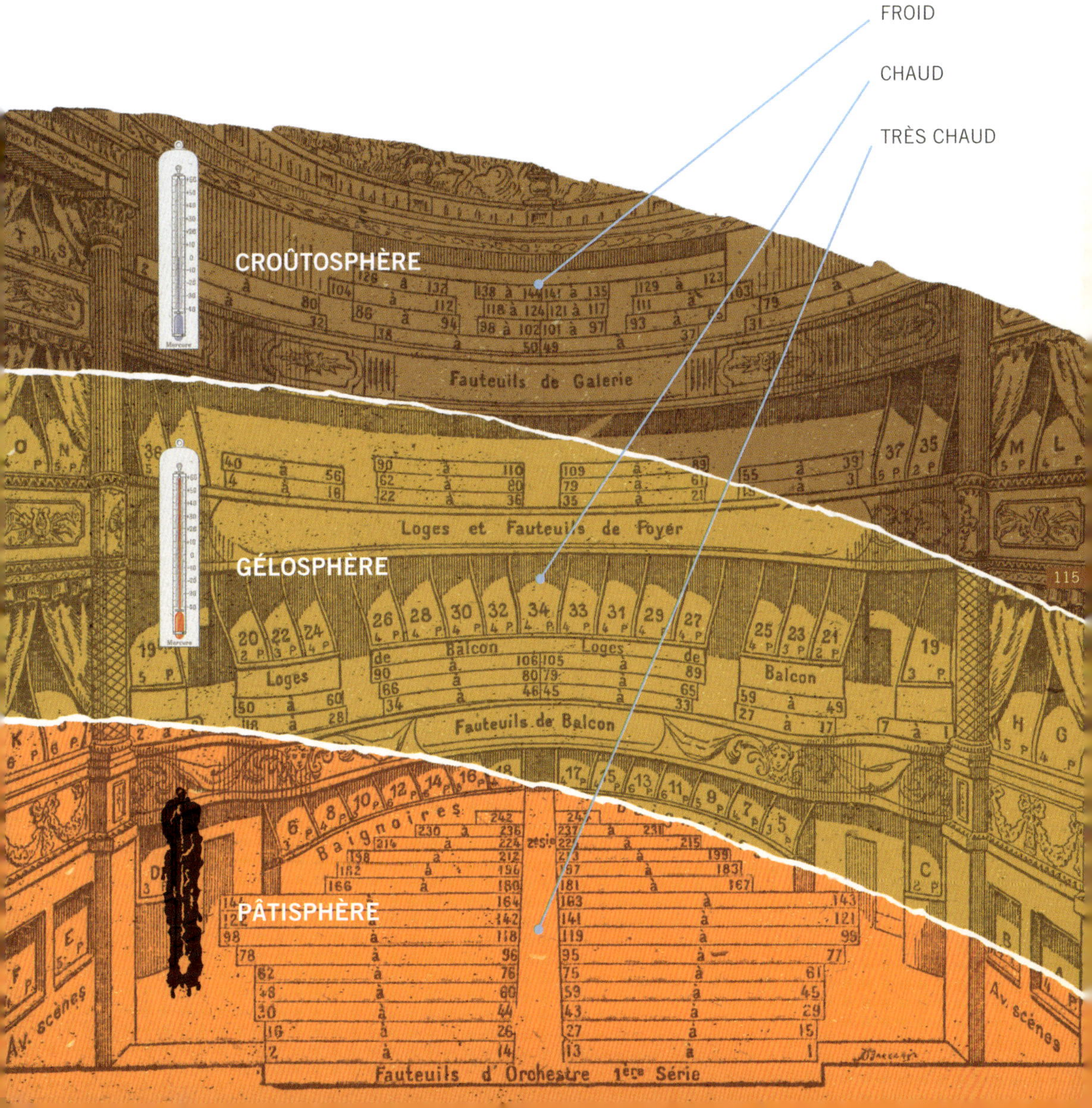

LES ONDES SISMIQUES

Une onde sismique est une onde émise par la Terre lorsque celle-ci a décidé de se gratter les croûtes.

Ces ondes se propagent à la surface du sol et les conséquences sont alors désastreuses, le sol se mettant à trembler en provoquant de terribles catastrophes.

De très sérieuses recherches furent menées pour lutter contre les séismes. Il en découla un grand nombre d'inventions dont la plus efficace fut celle du Professeur Watson, le "*DÉSÉISMATOR™*". Cet appareil électrique protégeait son occupant de la chute des gravats mais s'écroulait à la moindre coupure de courant.

LES ONDES PHONIQUES

Le son lui aussi se propagent très bien dans la terre (même mieux que dans l'air).

Les Indiens d'Amérique l'avaient compris. Ils étaient capables, en collant une oreille au sol, de connaître le nombre de cavaliers qui approchaient.

Faites-le vous-même !

EXPÉRIENCE SCIENTIFIQUE

Provoquer une éruption volcanique dans le jardin, c'est facile.

INGRÉDIENT : 1 Terre
MATÉRIEL : 1 pelle

1. À l'aide de la pelle, creusez un trou dans la Terre de votre jardin

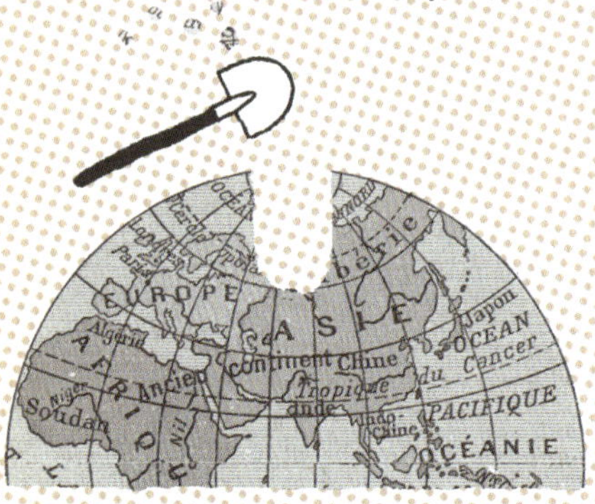

2. Creusez jusqu'à ce qu'une force opposée vous fasse remonter

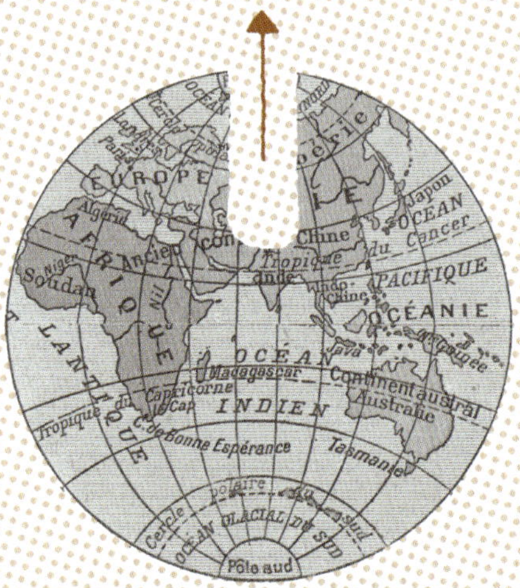

VOILÀ :

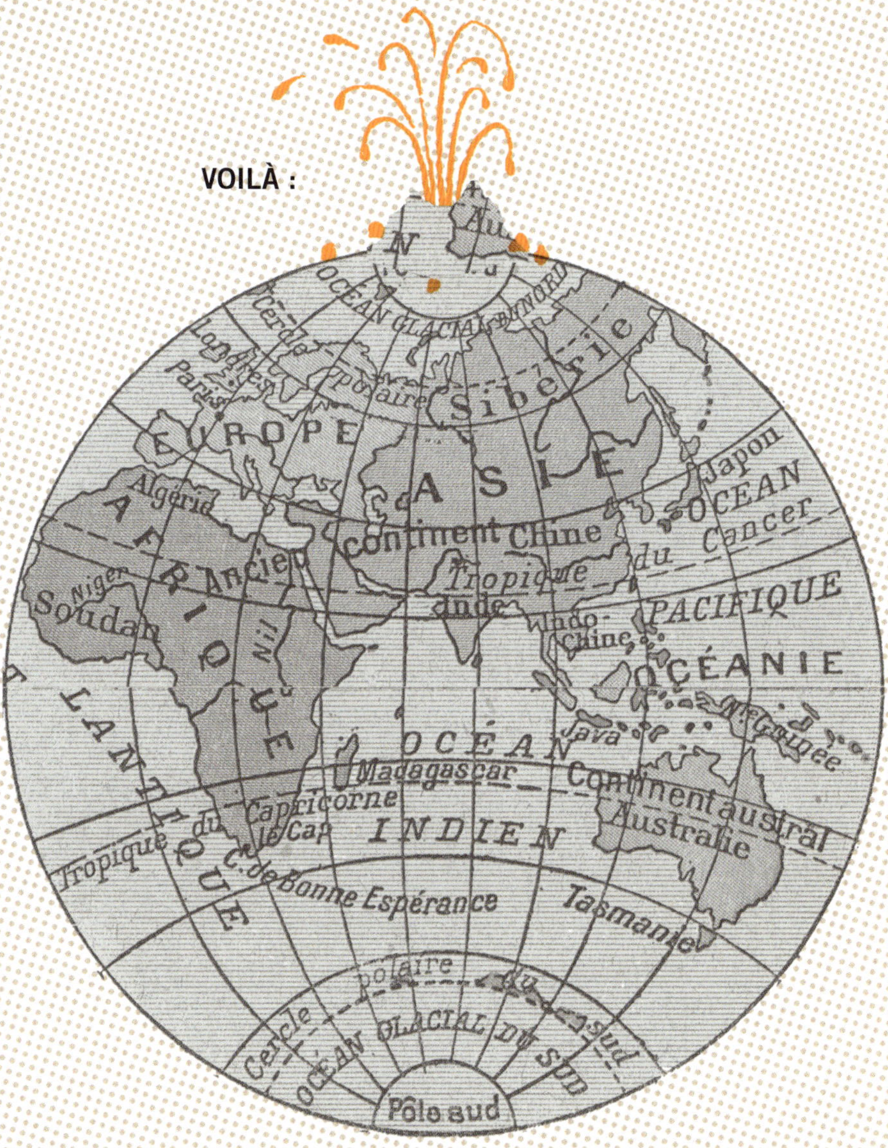

NOTEZ BIEN : si vous tombez sur une nappe de pétrole, forez plus loin.

LA SPÉLÉOLOGIE

La spéléologie est l'exploration et l'étude scientifique des cavités du sous-sol de la Terre.

On y découvre de merveilleux puits, grottes et rivières souterraines qui font le ravissement des visiteurs.

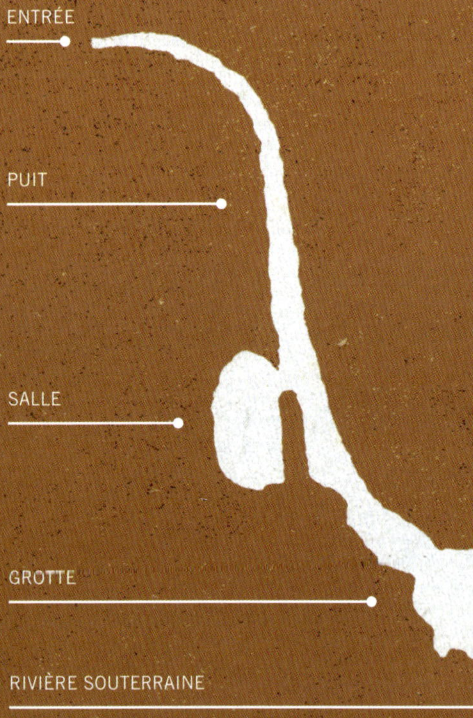

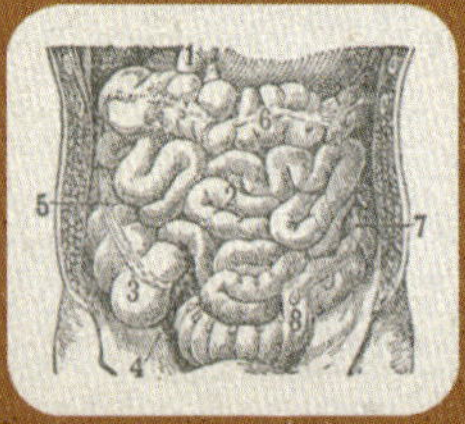

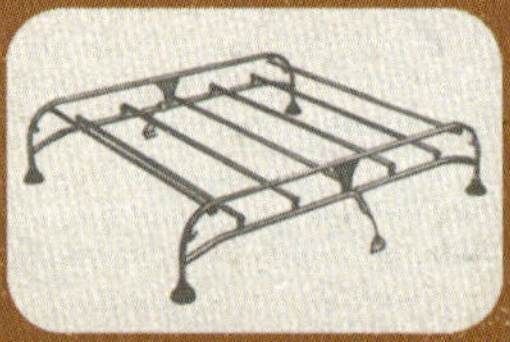

Malheureusement, on y trouve surtout des boyaux et des galeries que les gens y jettent pour éviter d'aller à la déchetterie.

Comme le montre cette coupe, la ressemblance d'une cavité souterraine avec l'appareil digestif de la poule est frappante. Cette constatation reste un mystère pour la science.

Cette manie qu'ont les gens de dégrader l'environnement ne date pas d'hier.

L'homme préhistorique avait déjà la sale habitude de saloper les grottes avec des "tags" malhabiles.

ASTROLOGIE

En guise de conclusion, voici les trois signes du zodiaque gouvernés par l'élément Terre.

A LA VIERGE
23 août - 22 septembre
Planète : Mercure

Vierge célèbre :
Martin Circus

La chanson du jour :
Je m'éclate au Sénégal

B **LE TAUREAU**
20 avril - 20 mai
Planète : Vénus

Taureau célèbre :
Dave

La chanson du jour :
Vanina

C **LE CAPRICORNE**
22 décembre - 19 janvier
Planète : Saturne

Capricorne célèbre :
Richard Anthony

La chanson du jour :
J'entends siffler le train

CHAPITRE 3

L'EAU

INTRODUCTION

L'eau est un élément liquide incolore, inodore et sans savore.

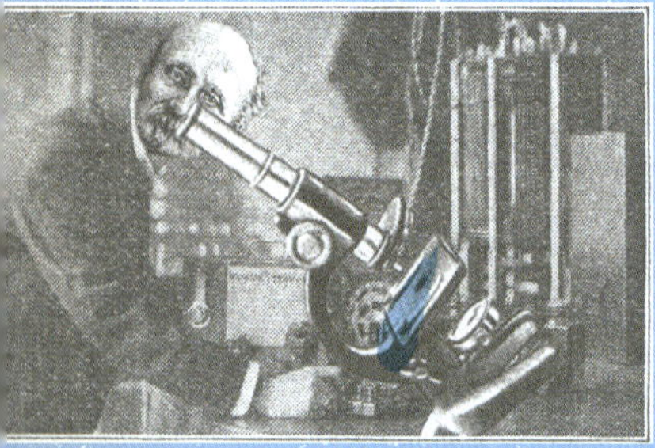

Elle existe à l'état naturel sur Terre, où on la trouve principalement

A DANS LES RIVIÈRES

Une rivière est un cours d'eau qui se jette dans un autre cours d'eau.

B DANS LES FLEUVES

Un fleuve est une rivière qui se jette dans la mer.

C DANS LES MERS

Une mer est une vaste étendue d'eau salée qui se jette sur la plage.

D DANS LES CANAUX

Un canal est une rivière artificielle qui se jette où l'on veut qu'elle se jette.

E DANS LES ROBINETS

Un robinet est une source qui fournit de l'eau froide ou chaude qui se jette dans le lavabo.

NOTEZ BIEN : un robinet qui se jette dans la mer n'est pas considéré comme fleuve.

LES EAUX SPÉCIALES

En plus de celles vues sur les pages précédentes, nous pouvons ajouter deux autres sortes d'eaux plus rares.

A L'EAU MINÉRALE GAZEUSE

Cette eau riche en gaz est très bonne pour la santé grâce à son pouvoir de nettoyer les reins, les foies, le cœur et de déboucher le nez.

L'eau gazeuse stimule également les follicules pileux

B L'EAU MINÉREUSE GASOIL

Cette eau riche en gasoil a la particularité funeste de faire sombrer les pétroliers et toutes espèces de navires pris dans son piège.

Imaginez si Christophe Colomb avait rencontré une telle nappe...

Si l'eau existe à l'état naturel,
on peut également la créer.

Faites-le vous-même !

EXPÉRIENCE SCIENTIFIQUE

Fabriquer de l'eau douce avec des gaz, c'est facile.

INGRÉDIENT : de l'hydrogène et de l'oxygène
MATÉRIEL : 3 bols, 1 pichet et 1 fouet

1 Prenez deux bols d'hydrogène **(H)**

et un bol d'oxygène **(O)**

2 Transvasez le tout dans un pichet

3 Touillez bien

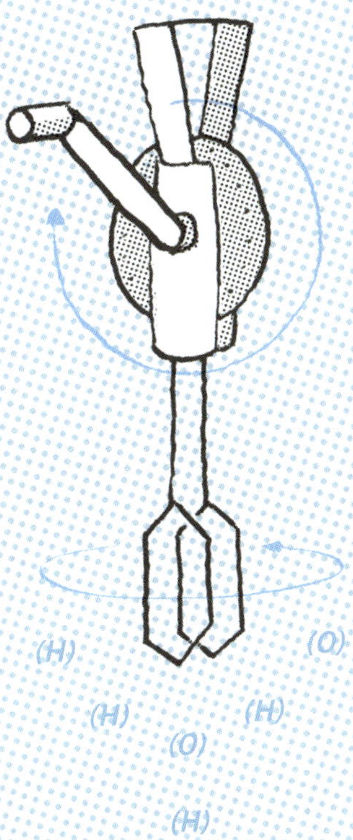

C'EST PRÊT !

COMMENT STOCKER L'EAU ?

Les trois principales familles d'ustensiles.

A LES USTENSILES PAS PRATIQUES

Petite passoire tout en aluminium poli, pour tisane, bouillon, etc.
Prix .... » .60

Ecumoire aluminium pur extra fort, poli vif, long. totale 41 c/m, poids 75 gr...... **1.50**
1595. **La même, en nickel** pur, long. totale 37 c/m, poids 195 gr.
Prix **7.50**

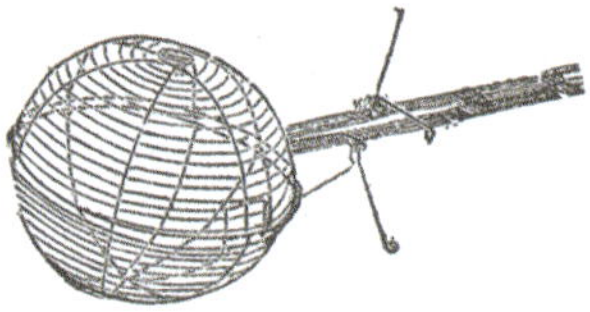

Gril à châtaignes tout en fil de fer galvanisé, avec long manche et pied articulé, long. totale 55 c/m, diam. de la boule 20 c/m. régulier et parfait. **2.25**

Casserole à friture, pommes frites, tout en fil de fer étamé, avec longue queue, diam. 25 c/m, pouvant être employée avec n'importe quelle casserole et servir aussi d'égouttoir, poids 450 gr.
Prix.................... **1.75**

B LES USTENSILES PLUS PRATIQUES

Broc en tôle galvanisée extraforte, forme conique, contenance 5 litres...... **2.60**

Le même, grand modèle, contenance 8 litres.
Prix....... **3.50**

Seau de ménage en tôle galvanisée extra forte, emboutie d'une seule pièce, contenance 15 litres.
Prix.... **2.75**

Bassine renforcée emboutie sans soudure, forme haute avec cercle protégeant le fond.

2890.	Diam.	30 c/m.....	**3.50**
2890 A.	—	36 c/m.....	**4.75**
2890 B.	—	40 c/m.....	**5.75**

Casserole aluminium pur extra fort poli vif, forme haute, 2 anses. *Très léger.*

Nos.	*Diam.*	*Cont.*	*Poids*	*Prix*
1380.	18 c/m	3 l.	330 g.	**7.50**
1380 A.	20 c/m	5 l.	440 g.	**9.25**
1380 B.	22 c/m	6 l.	560 g.	**11.** »

AVANTAGE : très légers.
INCONVÉNIENT : laissent échapper chaque goutte.

AVANTAGE : ne laissent échapper aucune goutte.
INCONVÉNIENT : très lourds.

Ⓒ LA BOUTEILLE

Très pratique, elle allie les avantages de A + B (légère et ne laissant échapper aucune goutte).

La bouteille en plastique
(transparent)

La bouteille en verre
(vert bouteille)

LE VERRE D'EAU

Attention à ces trois orthographes aux saveurs très différentes lorsqu'on vous offre un verre.

A LE VERRE D'EAU DU ROBINET
(en verre)

LE VERRE D'EAU MINÉRALE GAZEUSE
(en cristal)

Influence du contenu sur l'organisme du consommateur

B LE VER D'EAU
(en caoutchouc)

C LE VERT D'EAU
(à l'huile)

COMMENT TRANSPORTER L'EAU ?

Le moyen le plus pratique pour canaliser l'eau d'un point A à un point B est encore LE TUYAU
(ce qui évite bien de trimbaler des arrosoirs ou des seaux).

L'idéal, bien sûr, c'est une installation en "WIFI" qui élimine l'utilisation du tuyau ou tout autre canalisation coûteuse.

B
0011010101000101010001100101000110100111100

LES ROBINETS

Voici quatre inventions que l'on utilise au quotidien sans se rendre compte que l'on ne pourrait plus s'en passer.

A LE ROBINET D'EAU

B LE ROBINET DE GAZ

C LE ROBINET ÉLECTRIQUE

D LE ROBINET MASCULIN

Calcul

PROBLÈME DE ROBINET

ÉNONCÉ

Mon robinet d'eau chaude
a un débit de 30 litres par minute.

Il met 12 mn pour remplir la baignoire.

Mon robinet d'eau froide a le même
débit que celui d'eau chaude.

QUESTION

Que se passe-t-il si pendant ces 12 mn,
j'utilise les deux robinets ?

SOLUTION : ça fait monter le voisin du dessous.

LES DIFFÉRENTS ÉTATS DE L'EAU

Suivant les changements de température, l'eau peut revêtir des formes très différentes les unes des autres.

A L'EAU SOLIDE

À zéro, l'eau gèle, devient solide et dure comme du bois.

B L'EAU LIQUIDE FROIDE

Au-dessus de zéro, elle dégèle en devenant liquide et froide.

(L'eau liquide permet de laver les aliments.)

C L'EAU LIQUIDE CHAUDE

À force de chauffer, l'eau finit par bouillir et se charge de bulles d'air.

D LA VAPEUR D'EAU

Enfin, à force de bouillir, l'eau s'évapore dans la nature sous la forme de vapeur.

L'eau bouillante et la vapeur permettent de cuire les aliments.

LA GLACE

Revenons maintenant à l'eau solide, communément appelée **GLACE** car il en existe deux formes distinctes.

Ⓐ LE CUBE DE GLACE

(Le cube de glace permet de conserver longtemps les aliments.)

B LA BOULE DE GLACE

La boule de glace est fabriquée à partir d'un cube mixé et aromatisé.

ATTENTION : il y a boule de glace et boule de glace

A LA BONNE (EXEMPLE)

Quand on a deux bonnes glaces, on écrit **DES-GLACES.**

B LA MAUVAISE (EXEMPLE)

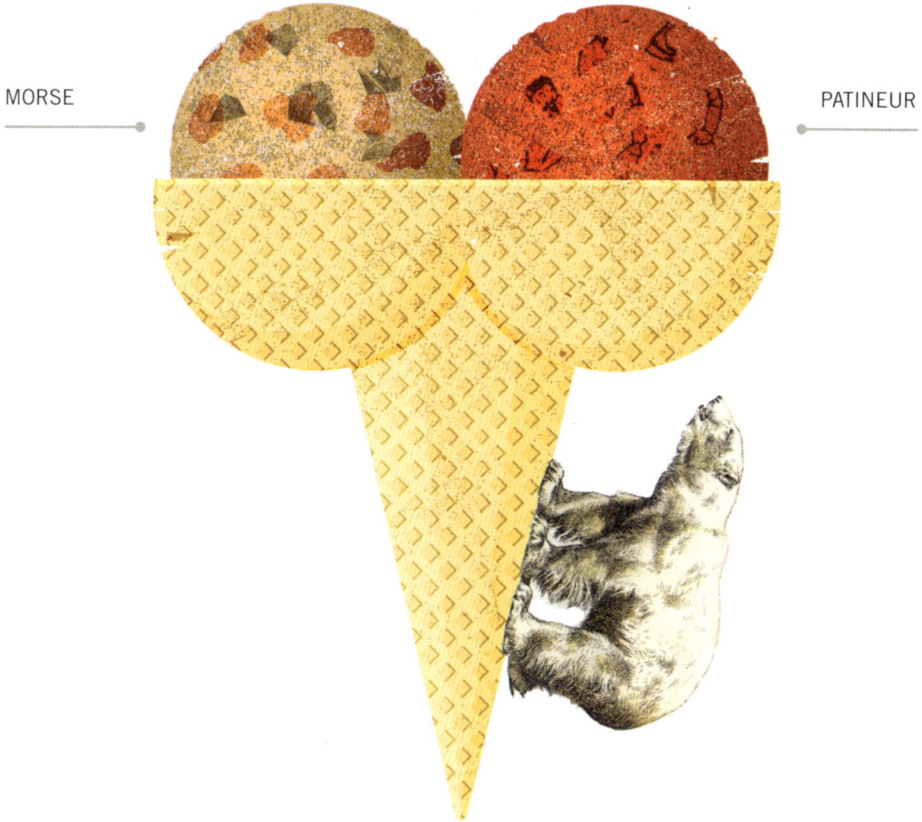

Quand on a deux mauvaises glaces, on écrit **DES-GUEU-LASSES.**

La couleur bleu clair du ciel est due au fait qu'il est composé principalement d'une forte concentration

d'eau

et de lait

(dans la Voie lactée)

ÉTOILES
1re grandeur
2e
3e

HÈRE
TE

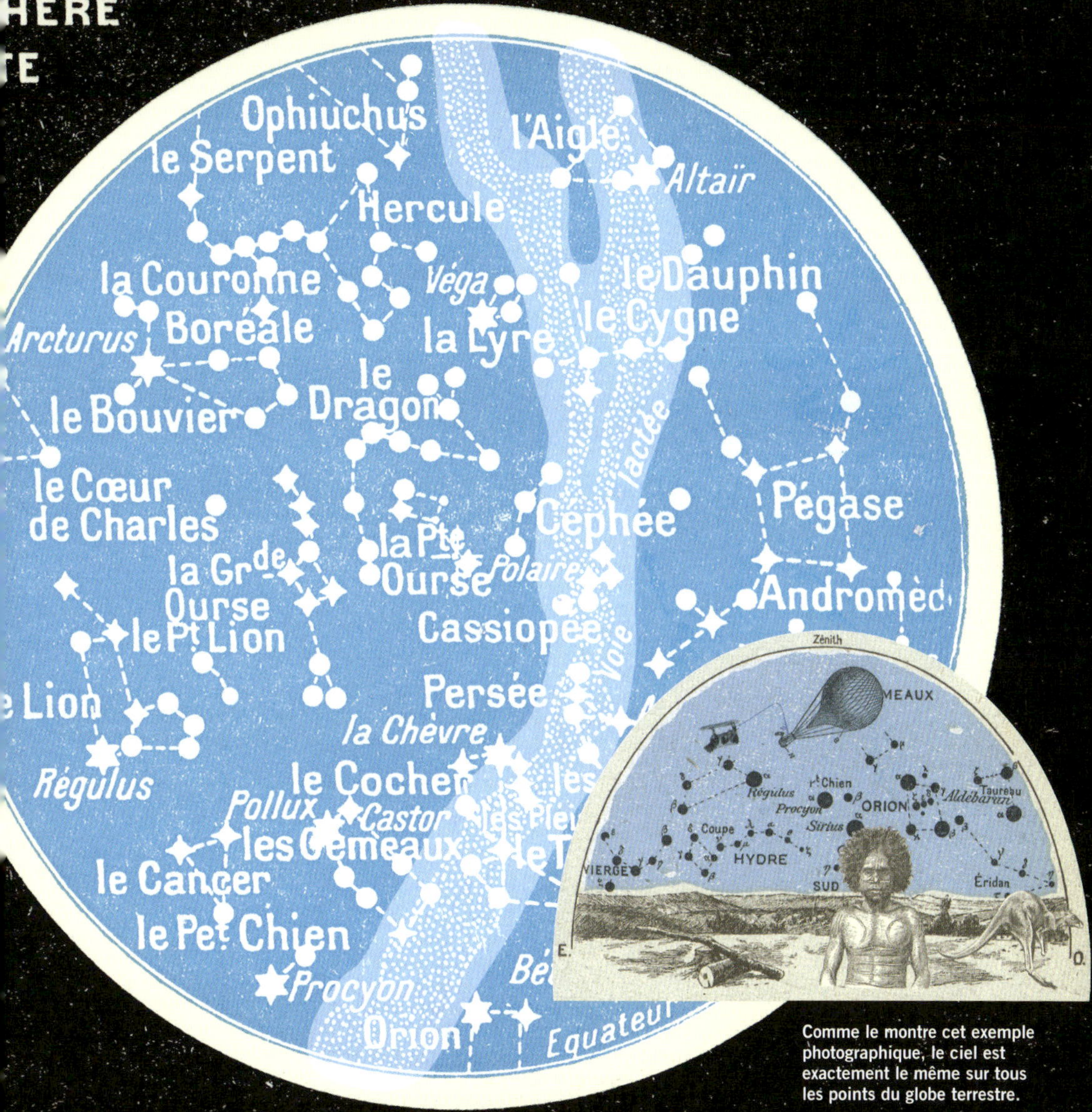

Comme le montre cet exemple photographique, le ciel est exactement le même sur tous les points du globe terrestre.

Dimensions et distances comparées de la Terre et de la Lune

Sur notre satellite, nous trouvons aussi, en quantité non négligeable

des mers

et des océans

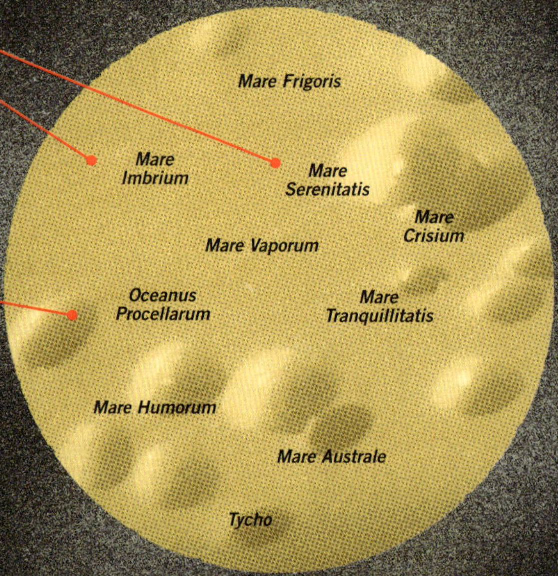

En réalité il n'y a pas une goutte d'eau, car comme nous le savons depuis notre enfance

la Lune est un gros fromage (45% de matière grasse)

La Lune nous montre toujours la même face et nous supposons que les vaches qui ont servi à sa construction sont cachées derrière dans de verts pâturages.

Dimensions et distances comparées de la Lune et de Mars

MARS

L'état actuel de la science ne permet pas de savoir s'il y a de l'eau liquide sur Mars.

Cependant nous savons qu'il y a de la glace et d'après sa couleur, certains savants supposent qu'elle est à la fraise. D'autres y voient des canaux et un visage énigmatique.

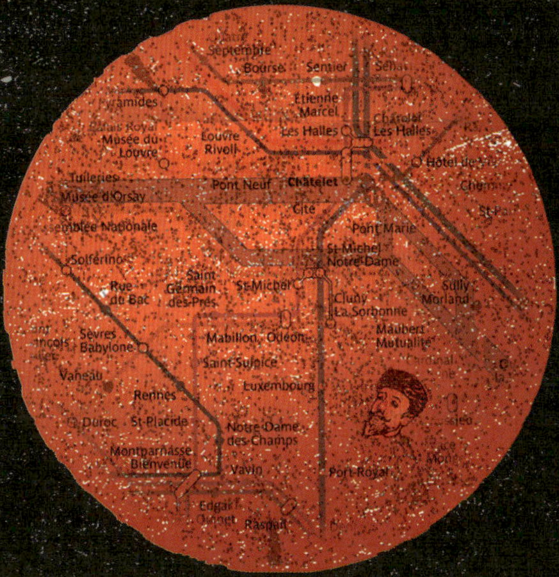

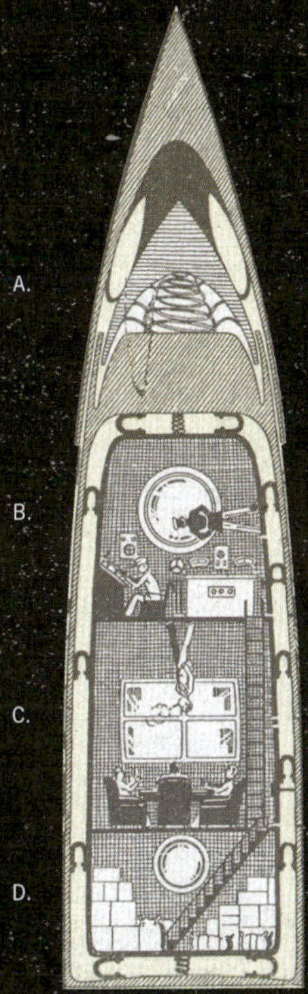

"L'OBUS MARTIEN" du Professeur Watson qui devrait se poser sur la planète rouge fin mars début saturne.

A - Amortisseurs
B - Salle de contrôle
C - Fumoir
D - Sacs de farine

MARS. — Température à la surface : probablement beaucoup plus basse que celle de la Terre. — Translation autour du Soleil : 687 jours. — Révolution sur son axe : 24 h. 37′. — Durée du jour et de la nuit : à peu près la même que sur la Terre. — Atmosphère relativement pure ; pression assez basse ; habitabilité possible. — Régions grises (*mers*) probablement couvertes de végétation ; régions rougeâtres, sans doute désertiques. Canaux (?) : l'opinion dominante n'y voit aujourd'hui que des apparences. — Satellites : Deimos et Phobos, tous deux très petits.

LES MARÉES

Une marée est un autre phénomène provoqué par l'attraction lunaire. Elle comporte deux phases.

Ⓐ MARÉE HAUTE

Quand la Lune passe au-dessus de la mer, l'eau est aspirée par le haut et gonfle. Parfois même, elle gonfle aussi vite qu'un cheval de course au galop.

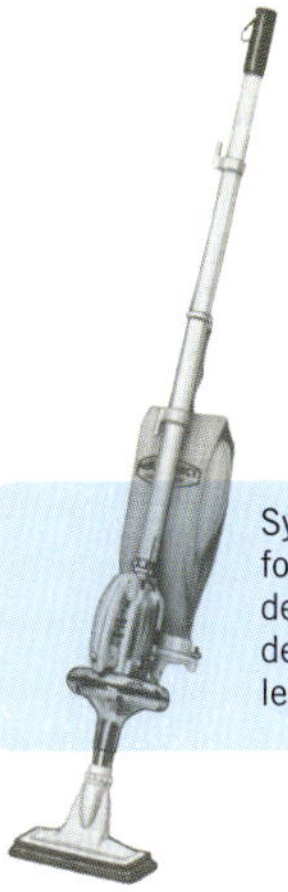

Système de fonctionnement de l'influence de la Lune sur les marées

B MARÉE BASSE

Quand la Lune s'éloigne, l'eau ne subit plus son influence et reprend son volume normal.

RÉCAPITULONS

marée basse

marée haute

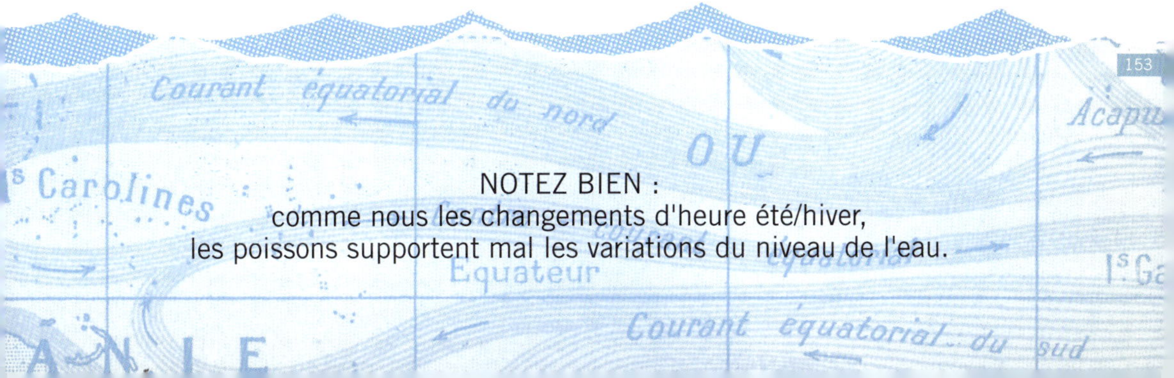

NOTEZ BIEN :
comme nous les changements d'heure été/hiver,
les poissons supportent mal les variations du niveau de l'eau.

Faites-le vous-même !

EXPÉRIENCE SCIENTIFIQUE

Fabriquer de l'eau de mer en poudre, c'est facile.

INGRÉDIENT : de l'eau et du gros sel
MATÉRIEL : 1 grand verre et 1 cuiller à soupe

1 Dans le verre, versez cinq cuillers à soupe de gros sel.

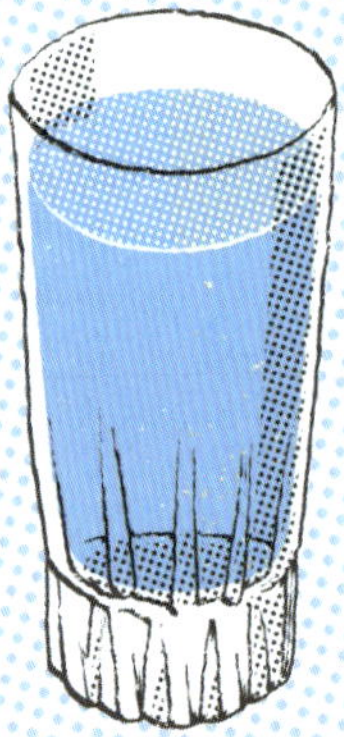

2 Remplissez-le d'eau du robinet.

3 Mélangez bien les ingrédients à l'aide de la cuiller.

4 Placez le verre au soleil et attendez que l'eau se soit complètement évaporée.

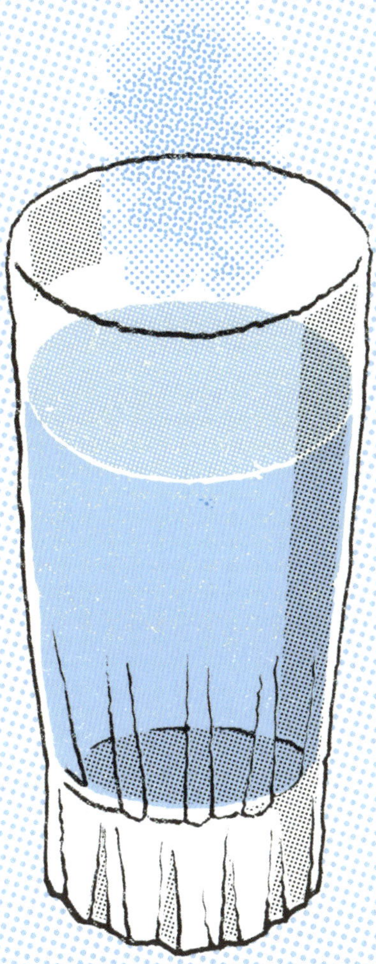

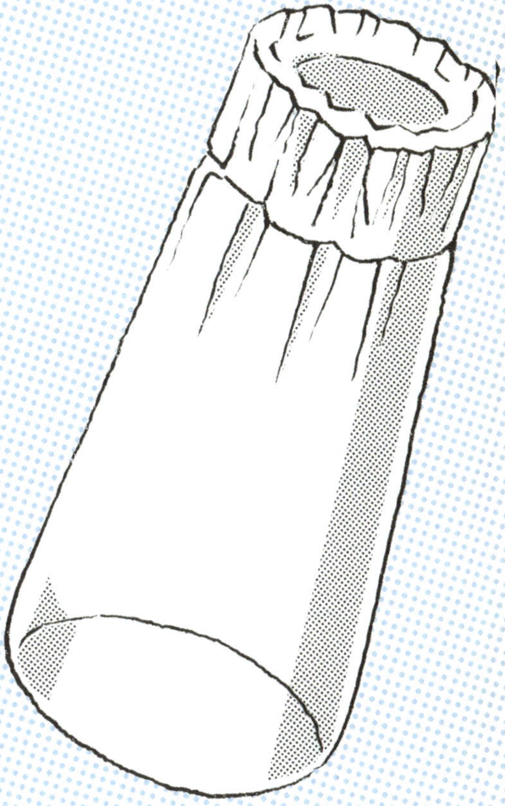

C'EST PRÊT !

NOTEZ BIEN : l'avantage avec l'eau de mer en poudre, c'est qu'elle est très légère, ce qui permet de la transporter facilement partout. Pour la rendre liquide à nouveau, il suffit de rajouter de l'eau.

LES NUAGES

Constitués de coton hydrophile, les nuages contiennent une proportion plus ou moins importante d'humidité qu'ils puisent dans le ciel.

Quand ceux-ci sont secs, ils apparaissent blancs et légers.

Nuage de profil

En se chargeant d'humidité, ils gonflent, s'alourdissent et se teintent de gris.

Jusqu'à devenir énormes, noirs et complètement trempés.

LE SENS DES NUAGES

Dire qu'un nuage n'a pas de sens, n'a pas de sens.

VOICI UN NUAGE À L'ENDROIT
(dans le bon sens)

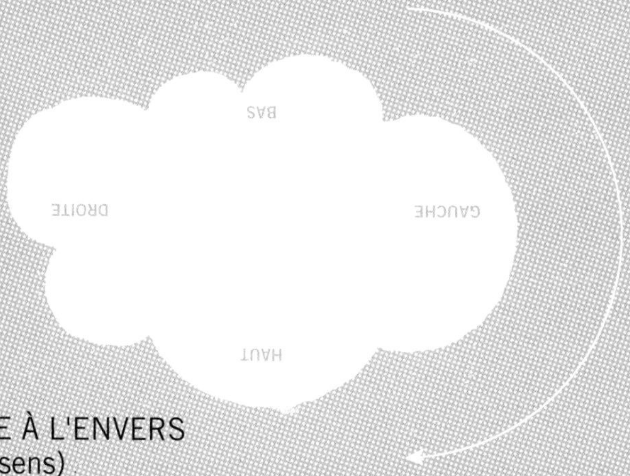

VOILÀ UN NUAGE À L'ENVERS
(dans le mauvais sens)

Il est très important d'observer le sens des nuages avant de sortir, pour s'habiller en conséquence

car si un nuage blanc à l'envers se retourne à l'endroit :

il neige !

Quelques formes de flocons de neige.

... mais à l'inverse, quand un gros nuage noir
se retourne, il ne neige pas :

il pleut !

De très sérieuses recherches furent menées pour lutter contre les Indiens d'Amérique. Il en découlat un grand nombre d'inventions dont la plus efficace fût celle du Professeur Watson, le "*DÉSINGUINDIEN™*". Cet appareil électrique protégeait son occupant des Peaux-Rouges mais pas de leurs flèches.

Quelques formes de gouttes de pluie.

ASTROLOGIE

Voici en guise de conclusion, les trois signes du zodiaque gouvernés par l'élément Eau.

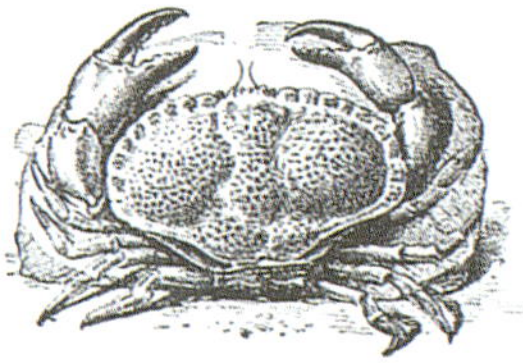

A LE CANCER

22 juin - 22 juillet
Planète : La Lune

Cancer célèbre :
Pierre Perret

La chanson du jour :
Les jolies colonies de vacances

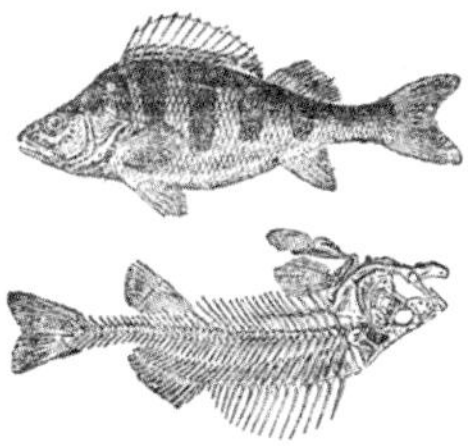

B LES POISSONS

19 février - 20 mars
Planète : Neptune

Poisson célèbre :
Plastic Bertrand

La chanson du jour :
Ça plane pour moi

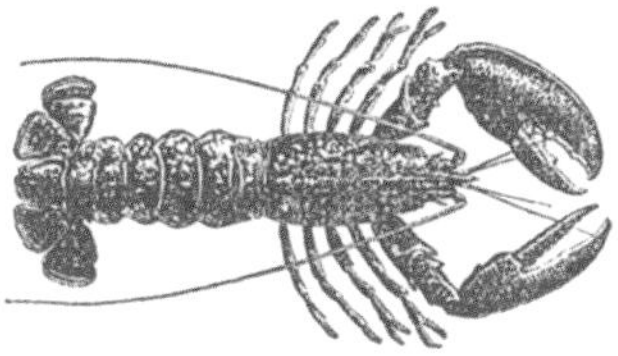

C LE SCORPION

23 octobre - 21 novembre
Planète : Pluton

Scorpion célèbre :
Joe Dassin

La chanson du jour :
Les Champs-Elysées

PYRo p. 4 à 41

INDEX

AÉRo p. 42 à 83

GÉo p. 84 à 123

HYDRo p. 124 à 163

Source des illustrations :

- ***Le Larousse pour tous***
  2 volumes, vers 1905

- ***Mémento Larousse***
  Fin des années 1930
  Éditions Larousse

- ***Almanach Hachette***
  Années 1908 à 1935
  Éditons Hachette

- ***Les sciences physiques et naturelles***
  Cours moyen
  Brémant-Peschard
  Année 1932
  Éditions A. Hatier

Impression
Alpha, Peaugres (07)

Façonnage
Alain, Félines (07)

Achevé d'imprimer en septembre 2010
Dépôt légal septembre 2010

ISBN : 978 2 84975 212 8